科学可以这样学

北京市科学技术协会
科普创作出版资金资助

身边的化学

《知识就是力量》杂志社　编

机械工业出版社
CHINA MACHINE PRESS

本书带领中小学学生进入神奇的化学世界：香橼迷人的香气从何而来？五光十色的宝石是怎么形成的？古人是如何制作出精美的琉璃的？古建筑材料中为什么要添加糯米？魔术师是如何运用化学工具“变戏法”的？……这些问题的背后都隐藏着让你惊奇的化学魔法。

本书从自然界中的奇妙化学、运用在材料技术中的化学、暗藏在生活中的化学秘密、揭开化学物质的真面目这四章，给中小学学生呈现出化学在我们生活以及科技发展上所起的重要作用。希望阅读本书的中小学学生能够从中了解化学知识，理解化学作用，体会化学的玄妙，从此爱上化学！

图书在版编目（CIP）数据

身边的化学 /《知识就是力量》杂志社编. -- 北京：机械工业出版社，2024. 10. --（科学可以这样学）.
ISBN 978-7-111-76727-5

Ⅰ. O6-49

中国国家版本馆 CIP 数据核字第 2024PW1954 号

机械工业出版社（北京市百万庄大街 22 号　邮政编码 100037）
策划编辑：彭　婕　　　　责任编辑：彭　婕
责任校对：梁　园　李　杉　　责任印制：李　昂
北京尚唐印刷包装有限公司印刷
2025 年 1 月第 1 版第 1 次印刷
170mm × 240mm · 10.25 印张 · 112 千字
标准书号：ISBN 978-7-111-76727-5
定价：69.00 元

电话服务	网络服务
客服电话：010-88361066	机　工　官　网：www.cmpbook.com
010-88379833	机　工　官　博：weibo.com/cmp1952
010-68326294	金　　书　　网：www.golden-book.com
封底无防伪标均为盗版	机工教育服务网：www.cmpedu.com

主　　任：郭　晶

副主任：何郑燕

编　　委：

史　军　谭　斌　戚　鸣　郭　颖　王　欢　王恩眷

李云哲　崔胜杰　王万绪　台秀梅　孙亚飞　刘　华

周　乾　范　刚　董　伟　李瑞祥　邵红能　刘　琪

郑素萍　邱　东　邢月明　黄　奔　张寿春　曲建翘

特约审稿：

江　琴　高　琳　胡美岩　李　静

序

化学是充满生命力、充满魅力的，从生活到娱乐，从陆地到海洋，从远古到未来，从地球到宇宙，世间万物的发展多离不开化学。

作为一门以实验为基础的学科，化学既有着尊重事实的严谨性，又有着透过现象看本质的通透性。从宏观到微观抽丝剥茧般分析的过程中，我们总能感受到化学的逻辑魅力。想要学好化学，不仅需要了解化学知识，形成化学观念，拥有解决实际问题的能力，也要领会前人在构建化学这座大厦的过程中，展现出的科学思维和创新意识，以及大胆猜想并严谨求证的科学态度。

如何让中小学学生体会到化学的价值以及学习化学的乐趣呢？这本书是这样做的：

1. 让知识性和实用性结合

化学知识有时会让中小学学生有枯燥乏味或者实用性差的刻板印象，复杂的化学式、抽象的分子结构和看似远离日常生活的实验过程，往往让中小学学生望而却步。在这本书里，学生可以通过一些有趣的故事来重新认识化学，它并非遥不可及，而是潜藏在生活中。具体来说，从书中可以看到：

古代与现代的相遇——书中解释了“四千多岁的蚕丝”“碧瓦琉璃”背后所涉及的古代技术以及材料，讲述了它们如何随着现代科技的发展得到了“新生”，让曾经高不可攀的“贵族”落入“凡尘”，走进今天的寻常百姓家。

“前世”与“今生”的邂逅——从皂角到肥皂，跨越千年，故事中勾勒出表面活性剂的前世与今生，展现了古老化学物质的现实意义。

“魔鬼”与“天使”的变换——塑料诞生后可以减少树木砍伐，但是它却带来了新的污染；硝酸铵曾经给人们带来了巨大的灾难，改头换面后，它又能造福人类……“魔鬼”与“天使”的角色变换，让中小学学生看到化学的“两面性”，逐渐能够辩证地看待化学这把“双刃剑”。

2. 让趣味性和故事性唤醒学习的最佳状态

化学科学素养的培养是一个循序渐进、逐步积累的过程。启蒙性的训练往往是让学生从事实出发，特别是从化学有关事实出发，主动进行由表及里的分析，并学会由现象到本质的推理方法，进而使学生在探究实践中获得基本的思维方法和技巧。本书很多主题都是将化学知识与日常生活中的事物和现象相联系：香橼迷人的香气从何而来？古建筑材料中为什么要添加糯米？……这些具体事例让学生感受到化学并非遥不可及的高深学问，引导学生在具体事例、现象中探索化学奥秘、挖掘化学本质、体会化学研究的乐趣。

书中的讲述方式也非常巧妙，如标题“把‘空调’穿上身”“玉米的‘变身’”幽默趣味，自然而然地将学生带入化学的神奇世界。此外，一些文章中也创设了新颖有趣的情境，给学生带来了“悦”读享受，如“让水消失的‘魔法师’——高吸水性树脂”和“揭秘魔术中的化学道具”，用魔术的形式呈现了化学反应的奇妙之处。

故事性和趣味性的结合，能调动学生的学习积极性，促使大脑处于高度兴奋状态，从而使学生处于获取知识、探究未知的最佳心态。

3. 让猎奇心成为科学探究的动力

很多化学问题说远很远，说近也近，可谓就在身边，本书作者希望引导中小学学生发现、探究它们，还要追根溯源，找到解决问题的途径。书中利用中小学学生喜欢新奇的事物、喜欢猎奇的心理来引导其学习，如同“探宝”一般：

衣中探宝——通过探究冬天衣服中贴的“暖宝宝”的发热原理，学习原电池原理、氧化反应、催化作用等知识。

食中寻宝——通过研究从玉米到塑料（聚乳酸）的“变身”过程，学习发酵、聚合反应、手性化合物、降解等知识。

纸中见宝——通过制作“无字天书”，学习酸碱指示剂等知识。

本书就像一个小精灵向导，从有趣的问题和现象出发，带领学生探求问题和现象背后更深层次的原理，畅游在化学的海洋。愿这本书的读者，像稚子一样充满好奇心，像小科学家一样——玩转化学！

北京师范大学附属实验中学学生实践创新中心主任

化学高级教师

方秀琳

目录

PART 01 自然界中的奇妙化学

PART 02 运用在材料技术中的化学

PART 03 暗藏在生活中的化学秘密

PART 04 揭开化学物质的真面目

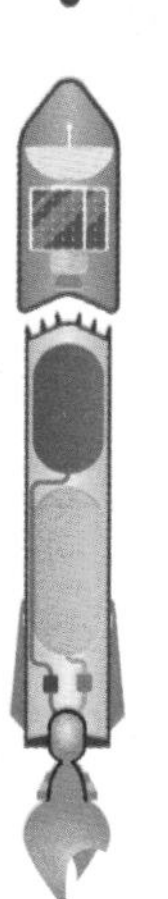

PART 01

自然界中的奇妙化学

香橼：只为闻香的水果

撰文／史　军　　绘图／骆　玫

学科知识：

溶剂　溶解　挥发性成分　自由基

在水果圈里有一些特别的存在，它们生来就不是为了让人吃，而是为了贡献香气。我小时候就特别喜欢把沙果放在书桌抽屉里，那种浓郁香气仿佛能让书中的图文都带上丝丝缕缕的美好气息。

与香橼比起来，沙果就小巫见大巫了，它们的香气浓郁等级完全不一样，并且香橼的摆放时间要比沙果长得多。据说慈禧太后曾经命人在自己的卧室里摆香橼，就为了闻那美好的气息，和现代人使用室内香氛异曲同工。在这个追求生活品质的时代，对香橼这类观赏水果的需求自然与日俱增。

问题来了，很多朋友跟我抱怨过，买来的香橼树结出的果子跟柠檬完全一个样。那么，真正的香橼长什么样子？它们与柠檬有什么关系？它们的作用仅是贡献香气吗？

香橼

香橼——柑橘家族的元老

香橼树的花

香橼也叫枸橼，它与柚子、宽皮橘真正是柑橘家族的三大元老。说实在的，这三位无论是长相、香气、味道，还是果皮的厚度，都各具特点，颇有领袖气质。香橼被认为是这三大元老中最年长的物种。

在距今800万年前，地球气候发生了一次剧烈变化。来自海洋的季风戛然而止，整个欧亚大陆都变得干燥起来。在柑橘家族身上，我们确实能看到一些适应干旱环境的特征，例如肉乎乎的小叶片表面还覆盖着致密的白表皮，这显然是为了应对干旱环境而存在的，与生活在雨林中的植物是完全不同的。

在距今600万年前，香橼就出现在地球上，其比柚子和宽皮橘出现的时间都要早得多。

时至今日，香橼已经不被看作常见的柑橘类水果，因为它们的可食用部分太少了，皮的厚度通常会超过果实厚度的一半。这样的果子，怎么能吸引中华大地上的众多“吃货”呢。虽然长成小手模样的佛手（香橼的一个变种）偶尔也会出现在精致的果篮里面，但是这些东西从不会进入华夏老饕的“法眼”。

香橼

香橼与佛手柑的亲缘关系

如今很少再有大规模种植香橼的果园出现，以至于在网络上检索香橼，跳出来的经常是柠檬的图片。虽然二者真的有几分相像，但是，论辈分，香橼可是柠檬的“爸爸”。

柠檬、香橼的对比图

还好，香橼家族有一支成了网红盆栽植物，那就是香橼的变种——佛手。佛手也叫佛手柑，与香橼属于同一物种的它，自然也能散发出让人愉悦的香气，只不过佛手柑的长相与香橼的原种迥然不同，整个果子就像一只手指并拢的手，“佛手”便因此得名，进而使人们产生禅意的联想，常作为氛围装饰物出现。

如果我们把佛手柑中像手指一样的部分切开，你就会发现一个有趣的现象——“手指”部位是没有瓤的。要理解这一特殊结构还需要先认识一下柑橘果实的构造。柑橘的果皮分为三层，分别是最外面富含挥发油的外果皮，中间像海绵一样松软的中果皮，以及内部分成许多瓣并且还带着“汁胞”的内果皮。通常来说，我们吃的都是柑橘的内果皮，当然也有像用外果皮制作陈皮的新会柑，以及专门吃外果皮的金柑（广义上）这样的异类存在。

香橼的一个变种——佛手柑

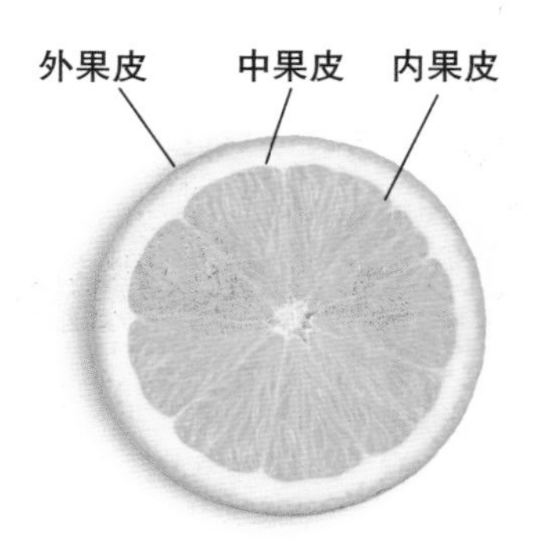

柑橘

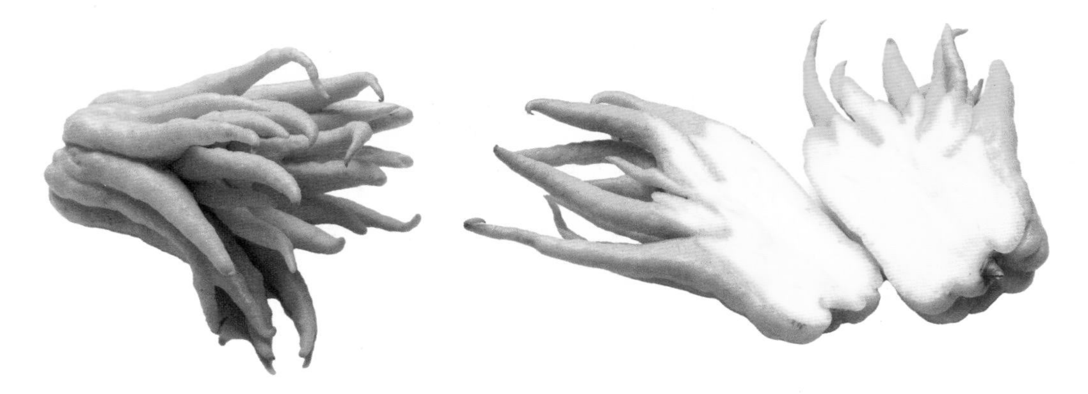

佛手柑切开后“手指”部分没有瓤

而佛手柑的变化主要发生在外果皮和中果皮上，本来纺锤形的果实变成了有多个“指头”的新奇果子。

迷人的香气从何而来

包括香橼在内的柑橘类水果都有一种迷人的特殊香气，很多人一闻到这种香气就知道是“柑橘来了”。这种共同的气味来自一种叫柠檬烯的物质，这是所有柑橘属植物精油中共有的成分，也是柑橘油胞中的主要成分。这种天然萃取的香味常被用于制作香水、香氛。

柠檬烯添加到植物芳香精油中有独特的味道

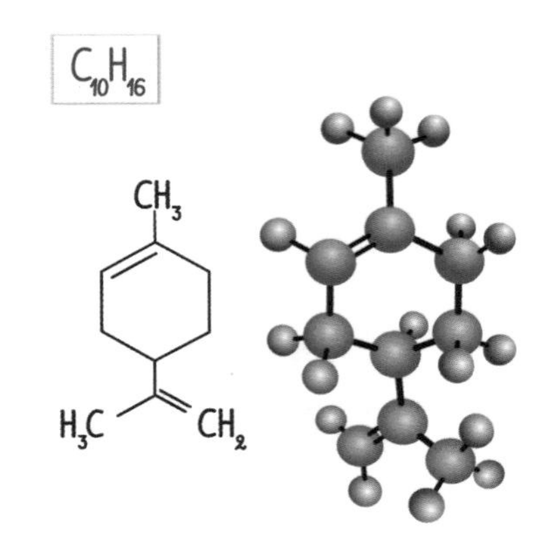

柠檬烯的分子结构

作为一种优秀的有机溶剂，柠檬烯在工业上有着重要的作用。我们平常使用的厨房清洁剂有一股浓郁的柠檬味，就是因为里面含有柠檬烯。柠檬烯虽然好，但是千万不能让它遇到气球，这是因为柠檬烯可以迅速溶解橡胶，让气球瞬间爆裂。

值得注意的是，除了柠檬烯，柑橘中还含有很多其他物质，如罗勒烯、月桂烯等，这些挥发性物质的多寡，直接影响到不同柑橘的特殊气味。而决定香橼拥有香橼气味的物质是对伞花烃和丙酸松油酯，这些物质让香橼有了自己独到的气味。

至于柑橘精油的功效如何，有很多宣传说植物芳香精油对人体有好处。但是，千万不要把橘子皮里的“油”挤出来就抹在皮肤上，这样不仅不会给健康带来好处，还会使我们的皮肤变黑，甚至会起水疱。

这是因为柑橘精油中含有很多呋喃香豆素类物质，这些物质本身并没有什么毒性，但是它们有极强的吸收紫外线的能力。在吸收紫外线之后，呋喃香豆素就会诱导自由基产生，而这些自由基就会变成皮肤中的不安定因素。它不仅会破坏细胞结构和DNA，引起细胞损伤，更麻烦的是会促使愈合后的皮肤大量积累黑色素。

当然，科学家也在研究用呋喃香豆素来治疗白癜风等皮肤色素异常病症方面的功效。但是，对于普通消费者而言，还是不要在皮肤上随意涂抹柑橘“油”为好。

知识链接

“冒充”香橼的枳

在市场上除了有香橼和佛手柑的盆栽，还有很多泡水喝的香橼切片。但是购买的时候一定要注意了，这里面很可能会混进一些“假冒分子”，例如枳的果实就是“李鬼”之一。

没错，我说的就是“南橘北枳”的那个枳。其实，枳和橘是完全不同的两个品种。在果树的外观上，枳和橘就有明显的区别：相对于橘来说，枳的植株更矮小一些；枳树到了冬天就变成光杆，而橘树仍然身披绿叶；枳的叶片上一般都有三片小叶，这跟橘的单身复叶有明显的不同。并且，橘树喜温热，枳树好冷凉，所以，野生枳确实只生活在淮河以北。

枳的果实像一个圆圆的小橙子，只不过皮比橙子厚，果肉也比橙子酸得多，所以不属于好吃的类型。至于枳和香橼的差别，通过观察切片颜色就可以区分：前者的干燥外皮通常是绿褐色或者棕褐色，而后者切

片的外皮是黄绿色或者褐绿色居多。再者，真正的香橼有非常明显的香气，酸味多于苦味，这也是真假香橼的主要区别。有兴趣的朋友，不妨留心观察，感受它们的不同。

枳的果实像一个圆圆的小橙子（供图 / 史　军）

紫杉树皮中的“抗癌明星”——紫杉醇

撰文 / 谭　斌

学科知识：

提取物　碳原子　化合物　聚合

大自然中隐藏着许多人类需要的“宝藏”。上古神话中，神农氏尝百草，找寻治病救人的良方；现代科学家更是通过科学研究，发现了许多“天然神药”。

有关资料显示，癌症是威胁人类健康的主要疾病之一，征服癌症一直都是科学家的梦想。自然界中能否找到对抗癌症的药方呢？答案是肯定的！从紫杉树皮中分离出的紫杉醇，是目前已发现的非常优秀的天然抗癌药物，在临床上已广泛用于乳腺癌、卵巢癌和部分头颈癌和肺癌的治疗。让我们一起认识这位了不起的抗癌明星吧！

小小树皮，大大宝藏

植物紫杉又名红豆杉，为红豆杉科红豆杉属植物，在地球上已有250多万年的历史。紫杉对生态环境要求很高，在什么土壤里扎根、周围的邻居类型、温度湿度、气候条件……都会影响它们的生长。它们就像豌豆公主一样“娇气”，不是随便在哪儿都能自在生活的，所以野生紫杉在全世界只有十余种。另外，野生紫杉生长速度缓慢，再生能力差，一般成树要生长近百年时间，因此在世界范围内还没有形成大规模的天然紫杉林。

生长近千年的紫杉树

紫杉醇是如何被人类发现的呢？在20世纪70年代，美国化学家沃尔与瓦尼就在太平洋紫杉树皮粗提取物中发现，这些提取物对离体培养的肿瘤细胞，包括白血病细胞、肝癌细胞及黑色素瘤细胞都具有很强的抑制作用。癌细胞一遇到这位“战士”，立马缴械投降，失去活性，降低战斗力。科学家们开始关注并研究这位“神秘战士”。

于是，紫杉醇的神秘面纱被层层揭开：同年，沃尔与瓦尼从短叶紫杉干树皮中提纯得到少量活性成分，但并没有解析出这种活性物质的具体结构，只知道这种物质含有羟基（醇类所含有的基团），因为它是从太平洋紫杉中获得的，所以将这种物质正式命名为紫杉醇——“神秘战士”有了自己独有的名字。到了 1971 年，他们才同美国杜克大学化学教授克法尔利用 X 射线衍射和核磁共振分析，确定了**紫杉醇是由 47 个碳原子组成的环状化合物，有 11 个立体中心和 1 个 17 碳四环骨架结构**，这时这位“战士”的形象第一次展示在世人面前，只有自然界才能孕育出的如此特别的结构。

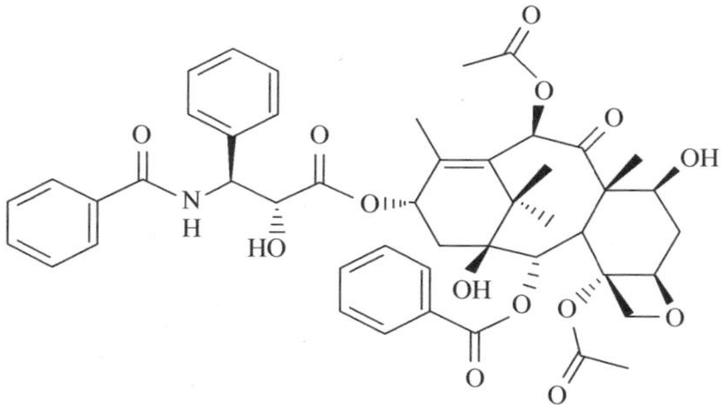

紫杉醇中的 17 碳四环骨架

既然紫杉醇“战士”在抗癌领域可以大显身手，我们当然想要得到更多的紫杉醇，来帮助更多的癌症病患。但是，紫杉醇可以说相当难得：它在紫杉树皮中的含量很低；另外，由于早期紫杉醇的市场供应主要靠从紫杉树皮中提取分离，因此大量的采伐已经严重威胁到紫杉物种的生存。目前紫杉已成为世界上公认的濒临灭绝的天然珍稀植物，我国也将其列为珍稀濒危植物。

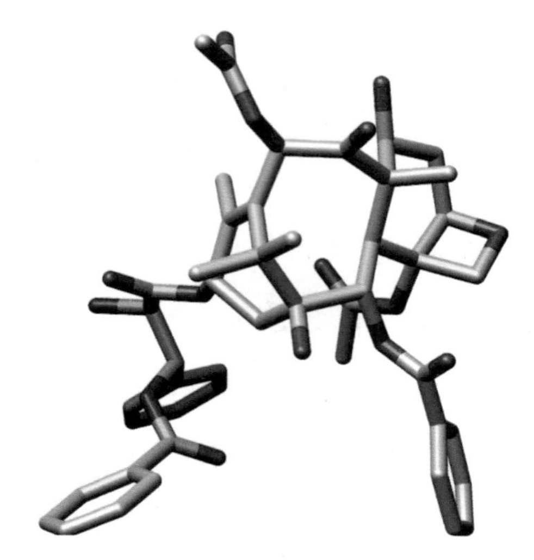

紫杉醇球棍模型结构图

紫杉醇究竟是如何抗癌的

这位“战士”是怎样击败癌细胞的呢？首先我们要了解，癌细胞侵占健康的身体，主要依靠细胞分裂、快速繁殖。正常的细胞在分裂过程中，细胞一分为二，其染色体在复制后，要借助纺锤体和纺锤丝的牵引向两极移动才能完成有丝分裂，而纺锤体这个牵引大力士需要作为细胞骨架的微管解聚才能形成，因此微管在细胞分裂中是十分重要的。可以说，如果微管无法正常解聚，细胞就不能正常分裂。

1979 年，美国的药理学家霍尔维茨发现紫杉醇能与微管蛋白结合，促进微管蛋白聚合形成微管，从而抑制微管的正常生理解聚，致使其不能形成纺锤体和纺锤丝，使细胞不能正常分裂，也就阻止了癌细胞的快速繁殖，进而诱导癌细胞凋亡，因此，紫杉醇在抗癌药物中被视为有丝分裂中的微管抑制剂。这位“战士”以一己之力，阻止了微管解聚，破坏了癌细胞的扩张计划，成了当之无愧的“抗癌明星”！

知识链接

什么是微管？

微管是细胞骨架的一个组成部分，遍布于细胞质中。它具有聚合和解聚的动力学特性，在维持细胞形态、细胞分裂、信号转导及物质输送等过程中起着重要作用。

微管维持细胞的结构，并与微丝和中间纤维一同形成细胞骨架。它们也组成纤毛和鞭毛的内部结构，提供了用于胞内运输的平台，并参与多种细胞内运输过程，包括分泌囊泡、细胞器和细胞内物质的运动。此外，它们还具有参与细胞分裂（有丝分裂和减数分裂），包括形成纺锤体，以及拉开真核染色体等作用。

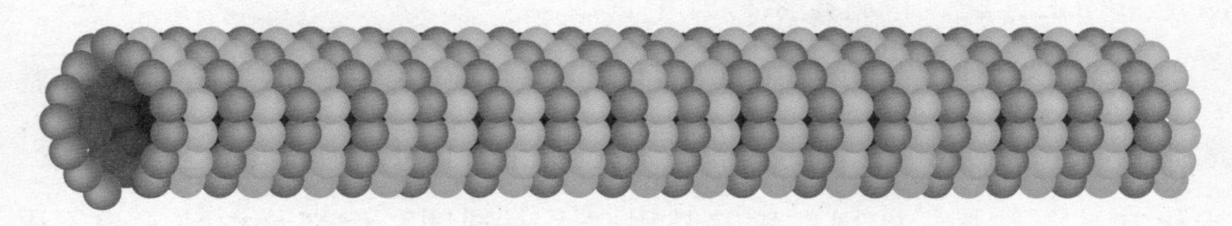

微管的环状模型图

紫杉醇的合成之路

由于天然的紫杉醇大多是从稀少的太平洋紫杉中提取而来的，而且这种紫杉的生长周期长，资料显示，大约 13.6 千克的树皮才能提取出 1 克的紫杉醇，治疗一个卵巢癌患者需要 3 ~ 12 棵百年以上的紫杉，因此长期的供不应求和高昂的价格是个新的难题。

太平洋紫杉

这也促使人工合成技术快速发展。目前紫杉醇人工合成的主要方法是生物工程法，也就是紫杉醇半合成。

生物工程法是利用生物工程手段大规模生产紫杉醇，先培育并筛选出可大量产生紫杉醇的菌株，通过对它们不断地培养，多次诱变、优化其基因结构，实现在培养基里“无限制地”生产紫杉醇，而不再受原料稀少的限制。相关科研成果表明，每升培养液中可产出 448.52 微克紫杉醇的高产菌株，合成效率已大大提高。

在我国，紫杉醇是长期居于销售额前列的化学制剂，是抗肿瘤药领域用药金额非常大的品种。我们相信，在医药技术不断进步的今天，从丰富的自然资源中发掘具有药用价值的天然产物将对人类健康大有裨益。

大自然中还有无数瑰宝，等待我们探索，让我们一起发现更多自然界中的“明星”吧！

大自然的杰作——矿物晶体

撰文/戚　鸣　　郭　颖

学科知识：

物质　化学成分　石墨　元素　离子

说到晶体，其实我们并不陌生，生活中常见的水晶、食盐、蔗糖、雪花都是晶体。有的晶体较大，肉眼可见；有的则较小，要在放大镜或显微镜下才能看见。在我们的《科学》教科书中，就有指导大家使用显微镜的内容，我们可以观察食盐、蔗糖、碱面、味精四种晶体的颗粒形状。我们会发现，这四种晶体颗粒的形状各不相同，但同种物质的颗粒都有大致相同而且规则的几何形状。在你的印象里，晶体是否都像水晶、食盐一样是晶莹剔透、质地纯净的固体呢？其实不然，自然界中的矿物晶体不仅色彩斑斓，外观更是多种多样。而且天然的矿物，绝大多数都是以晶体状呈现的。

那么，为什么晶体会有这样的外形呢？它们众多的特性又因何而来？随着研究的深入，越来越多晶体的秘密被人们发现。现在，就请跟随笔者一起，来探索矿物晶体的奇妙世界吧！

什么样的固体我们称之为晶体呢

晶体的结构有其特殊性，其内部质点在三维空间内会呈周期性重复排列，这种固体，我们就称之为晶体。反之，如果固体物质内部质点在三维空间不呈周期性重复排列的话，我们则称之为非晶体。

举个例子，水晶和玻璃的主要化学成分都是二氧化硅（SiO_2），通过对两种物质内部结构的观察发现，作为晶体的水晶，其内部是具有规则的格子构造，而作为非晶体的玻璃，其内部的结构排列则杂乱无章。这就决定了水晶具有晶体的特性：一是有一定的几何外形；二是有固定的熔点；三是有各向异性的特点。因此，可以概括地说：**晶体是具有格子状构造的固体，或内部质点在三维空间呈周期性重复排列的固体。**

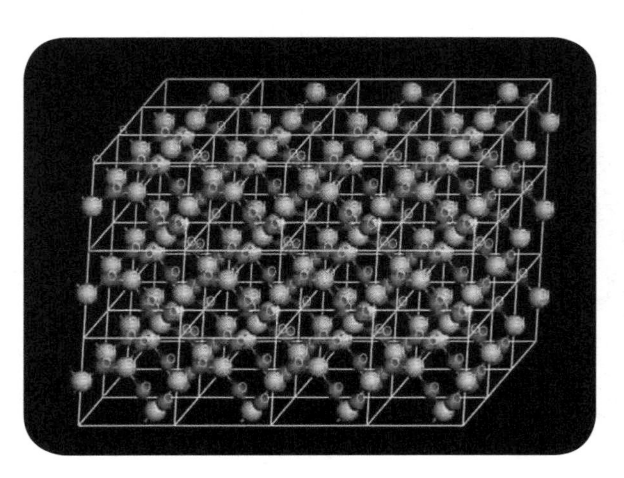

水晶的晶体结构模型图

美丽的紫水晶

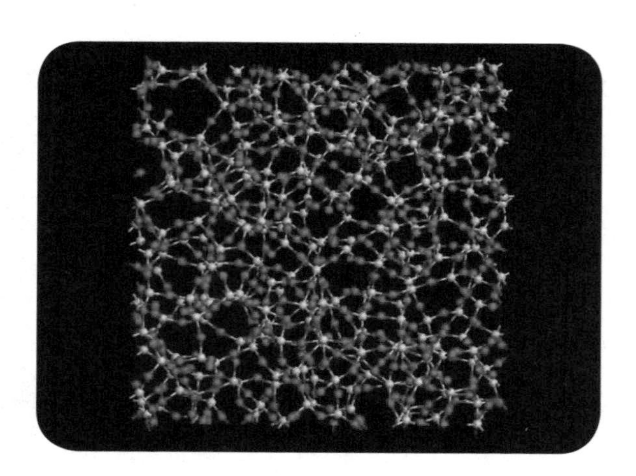

玻璃的非晶体结构模型图

矿物晶体都长什么样儿

矿物晶体会具有一定的几何外形，同一种矿物在自然条件下自由生长，所形成晶体的几何外形是一定的，这是由晶体特殊的化学成分和晶体结构决定的。晶体的外形多种多样，我们一般将其划分为以下三种类型：

（1）晶体沿一个方向延伸生长，形成柱状、针状、纤维状等长条形的晶体。比如水晶、绿柱石、电气石、金红石等矿物，会长成柱状晶体。

电气石（其中达到宝石级别的称为碧玺）是典型的柱状晶体，晶体表面发育有纵纹。碧玺颜色十分丰富，常见单个晶体上出现多种颜色。

绿柱石是典型的六方柱状晶体，它是提炼铍的主要矿物原料之一，色泽美丽的常作为珍贵的宝石，如祖母绿、海蓝宝石。

电气石

绿柱石

（2）晶体沿平面内的两个方向延展生长，形成板状、片状、鳞片状等形态的晶体，如黑钨矿、云母和石墨等。

云母是一种主要的造岩矿物，是片状矿物的典型代表，因其具有连续层状硅氧四面体格子构造，因此呈现出六方形的片状晶形。其特性是绝缘、耐高温。工业上用得最多的是绢云母，它广泛应用于涂料、油漆、电绝缘等行业。

云母

（3）晶体在空间内的三个方向上均匀发育，呈块状、粒状等形态，如钻石、黄铁矿、石榴石等。

石榴石因与石榴籽的形状、颜色相似而得名。石榴石族的矿物是

非常典型的三向等长的矿物，通常具有完好的晶形，常见的晶形有菱形十二面体、四角三八面体（单形名称）以及上述二者的聚形。

石榴石

“五光十色”从何而来

绚丽多彩的颜色大概是矿物宝石深受人们喜爱的重要原因之一。这些宝石的“五光十色”是怎么形成的呢？晶体的颜色是对入射的可见光进行选择性吸收后，透射和反射各种可见光的混合色。不同的晶体具有不同的化学成分和格子构造，使得晶体对光的吸收存在很大差别，因此，我们看到的晶体是绚丽多彩的。晶体的颜色按其成因，分成三种类型：

（1）自色：主要由矿物本身固有的化学成分和内部结构所决定，是矿物本身的颜色，例如橄榄石。

橄榄石

橄榄石的颜色多是从中到深的草绿色

（略带黄的绿色，亦称橄榄绿），部分偏黄色（绿黄色）。橄榄石的主要致色因素就是其本身所含的铁等化学成分，因而它是一种自色矿物。它的颜色相对稳定，其色调主要随含铁量的多少而变化，含铁量越高，其颜色就越深。

（2）他色：指矿物因含外来带色的杂质、气液包裹体等所引起的颜色。他色矿物的颜色非常丰富、同种矿物的颜色变化也很大，是多彩矿物世界中最主要的部分，例如彩色刚玉。

刚玉属他色矿物，刚玉的主要化学成分为 Al_2O_3，纯净时无色，当微量的杂质元素（Fe、Ti、Cr、Mn、V）以等价离子或异价离子形式代替晶格中的 Al^{3+}，或以机械混合物的形式存在于晶体中时，不同的微量元素就会导致其呈现出不同的颜色，所以我们能看到刚玉宝石几乎包含了可见光光谱中的红、橙、黄、绿、蓝、靛、紫等颜色。

刚玉宝石颜色多样

（3）假色：自然光照射在矿物表面或进入矿物内部，会产生反射、干涉、衍射、散射等物理光学效应，从而引起的矿物呈色，可以被理解成一种能够看到却并不是实际存在的光学现象。这种特殊光学效应的出现，使矿物晶体的颜色变得神秘莫测，如具有月光效应的月光石就是其中典型的一种。

月光石是一种比较常见的宝石矿物，是正长石和钠长石两种成分层状交互形成的，通常呈无色至白色，也可呈浅黄色、橙色至淡褐色、蓝灰色或绿色，透明或半透明，具有特殊的月光效应（是指随着晶体的转动，在某一角度，人们可以见到晶体表面白色至蓝色的发光效应，似朦胧的月光）。这种效应的产生，是由于正长石中出溶有钠长石，钠长石在正长石晶体内定向分布，两种长石的层状隐晶平行且相互交生，二者折射率稍有差异，于是能对可见光发生散射，当有解理面（矿物晶体在外力作用下严格沿着一定结晶方向破裂，并且能裂出光滑平面的性质称为解理，这些平面称为解理面）存在时，可伴有干涉或衍射，这种对光的综合作用，使这种晶体的表面出现一种蓝色的浮光。

月光石

矿物晶体喜欢“抱团出现”

自然界中的矿物晶体往往不是单独存在的，同种矿物的多个晶体生长在一起，以矿物集合体的形式产出，集合体的形态取决于其单个晶体的形态及集合方式。

如果我们用肉眼或借助放大镜能分辨出矿物晶体的颗粒，那么这样的集合体就是显晶集合体。常见的显晶集合体形态有柱状、针状、板状、片状等。特殊形态的集合体还有纤维状集合体、放射状集合体、晶簇等。

晶簇是指在岩石的空洞或裂隙中，丛生于同一基底，一端固着于基底上，另一端朝向自由空间发育，并且具备完好晶形的簇状单晶体群。较为常见的有石英晶簇、方解石晶簇、辉锑矿晶簇、钙沸石晶簇等。

石英晶簇

钙沸石晶簇

知识链接

矿物晶体可以长多大?

矿物晶体生长的大小与其自身性质和形成的地质条件有关。通常情况下，矿物晶体由于受到空间限制，个体都不是很大，那么如果有足够的空间与时间，晶体到底能长到多大呢？奈卡水晶洞是世界上最大的地下水晶洞穴，它位于墨西哥奇瓦瓦沙漠奈卡山脉地下深处。下页图中长

条的晶体是无水石膏晶体，这些半透明的巨型晶体长度达到了 11 米，重达 55 吨，非常巨大。

奈卡水晶洞中的无水石膏晶体

矿物晶体天然形成，是十分宝贵的不可再生资源。它们不仅稀有、奇特，也具有很高的科研和艺术价值。揭开它们的神秘面纱，能帮助人类深入探索地质作用以及物质组成的奥秘。

揭开钻石的神秘面纱

撰文/王　欢

学科知识：

金刚石　单质　原子　碳元素

你知道吗？我们生活中见到的钻石、玻璃刀头上镶的金刚石、铅笔芯、干电池中的石墨电极以及石墨烯材料，其实都是同一种元素构成的！也许有人会很诧异："怎么可能？"其实，在人教版《化学　九年级上册》教科书中，就有"金刚石、石墨和 C_{60}"的内容，为我们揭示了这个道理。我们在学习有关碳的知识时，会知道透明的金刚石和灰黑色的石墨都是由碳元素组成的单质，但是由于原子的排列方式不同，因此它们的性质存在着极大的差异。

下面我们要解读的主角，就是有"宝石之王"美誉的钻石，它是天然的金刚石，经过仔细琢磨后，变成璀璨夺目的装饰品。它不仅坚硬无比、熠熠生辉，而且还拥有缤纷的色彩。在宝石大家族中，钻石是非常重要的成员之一。下面就让我们来看一下钻石的独特与神秘之处吧！

美丽的钻石

组成单一、硬度称霸

钻石，矿物名称为金刚石，也因其硬度被人戏称为“金刚钻”，是已知的宝石矿物中唯一由单质（碳元素）组成的晶体，具有硬度大、耐高温、不导电、不怕强酸和强碱腐蚀、化学性质稳定等特征。钻石是人们已知的最为坚硬的宝石，故有“宝石之王”的美誉。

钻石的矿物晶体

其实，组成单一的矿物还有很多，如钻石还有一个“同族兄弟”——石墨，也就是我们平时最为熟悉的制作铅笔芯的材料。石墨也是由单一的碳元素组成的矿物，但是石墨的硬度却远远低于钻石，这是为什么呢？其实，这跟矿物学上一种被称作同质多象的现象有关，即**同种化学成分的物质在不同的物理、化学条件（温度、压力、介质等）下，形成不同结构晶体的现象**。这些不同结构的晶体，就被互称为该成分的同质多象变体。钻石和石墨就是碳（C）的两种同质多象变体，二者具有完全不同的晶体结构。钻石中的碳原子以共价键相连接，形成立方面心格子的晶体结构；而石墨则具有典型的层状结构。不同的晶体结构，决定了二者在硬度方面的天差地别。

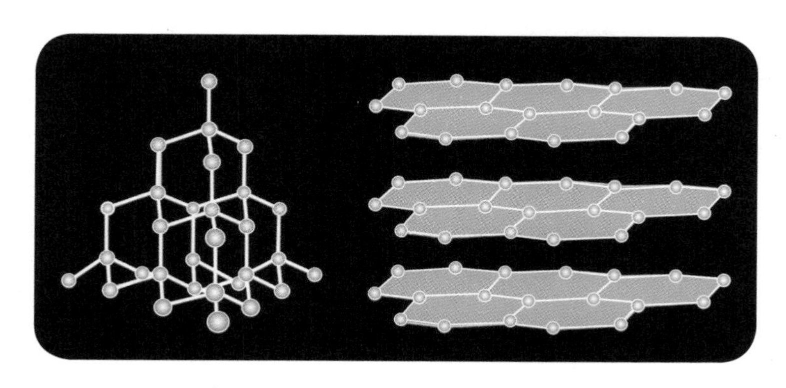

钻石（左）和石墨（右）的晶体结构对比图

坚硬无比，如何切磨

俗话说“没有金刚钻别揽瓷器活”，说的就是用坚硬的钻石做切割工具，加工瓷类器物。既然钻石如此坚硬，那么光辉璀璨的钻石成品是怎么被切磨出来的呢？难道还有比钻石更为坚硬的矿物吗？答案就是：用钻石切磨钻石。

自然界中，有些宝石的硬度依据刻划方向的不同而不同，在矿物学上，将这种现象称为差异硬度，其形成原因是矿物晶体结构的对称性和异向性导致了矿物硬度的对称性和异向性。简单来说，就是在钻石的晶体结构中，碳原子质点的排列方式和间距在互相平行的方向上是一致的，但在不平行的方向上是有所差异的。因此，当沿着不同方向进行刻划时，晶体的硬度就表现出了一定的差异。钻石是已知最硬的矿物，它的切磨和抛光就是利用了其自身差异硬度的性质，即用一颗钻石较硬的方向去切磨另外一颗钻石较软的方向，以此来将每一颗钻石原石切磨成璀璨的刻面成品。这样精妙的操作显示了劳动者的智慧。

璀璨火彩，来自何处

人们经常用流光溢彩、熠熠生辉、光芒四射来形容钻石。闪耀的光芒正是钻石成为“宝石之王”、受人青睐的重要原因之一。可是，有些钻石明明是无色的，为何可以看到浮动的光彩呢？其实，这些光彩都是钻石的火彩。火彩是指当白光照射到透明刻面宝石上时，因色散而使宝石呈现光谱色闪烁的现象。

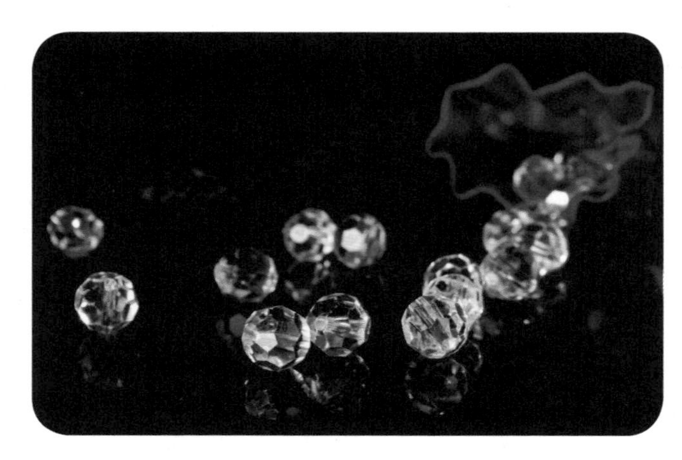

钻石璀璨的火彩

那么，什么是色散呢？色散就是一种复色光被分解成单色光而形成光谱的现象，日常大家最为常见的色散现象就是雨后彩虹。钻石因具有很高的色散值，因此，当它被切磨成刻面琢型后，会发出明亮璀璨的火彩。欣赏钻石的火彩，要从钻石的上表面（台面）往底部观察，用灯光或阳光照明，顺着光线的方向，同时用手缓缓地转动钻石（注意不是翻转，而是始终将台面向上对着光源转动）。一般切工较好的钻石，都可以看到美丽的火彩。

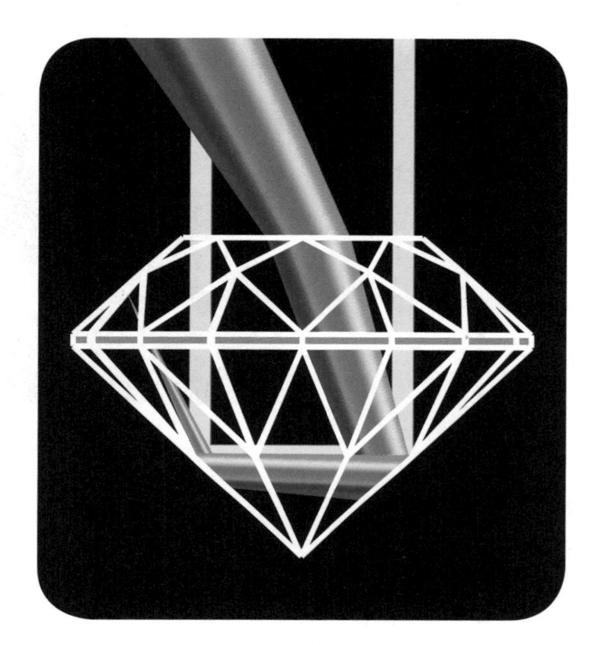

钻石的色散现象（示意图）

色彩缤纷，毫不单调

如果你认为钻石全部都是无色透明的，那就大错特错了。其实，钻石的世界缤纷多彩，我们常见的无色钻石，只是其中的冰山一角！

彩钻构成了钻石另一个独特的世界，比起无色钻石，颜色夺目的彩钻常常会令人眼前一亮，过目难忘。彩钻是指自然界中产出的带有色调的钻石，其颜色鲜艳，品类繁多，极其稀有。

彩钻的种类繁多，有红色、粉红色、橙色、黄色、绿色、蓝色、红紫色、紫色、棕色和黑色等。彩钻颜色的成因主要有两个方面：一是由于微量元素氮（N）、硼（B）、氢（H）的原子进入钻石的晶体结构之中而产生的颜色；二是由于晶体的塑性变形而使钻石产生位错、缺

陷等情况，因此它们能吸收某些光，从而呈现出不同的颜色。

彩钻的形成条件极为苛刻，大约出产 10 万颗优质无色的钻石才有可能得到 1 颗罕见的彩钻，可以说是产量极其稀少。在彩钻中，红色钻石和绿色钻石极为罕见，而黄色钻石和棕色钻石则相对常见。

镶嵌了黄钻的戒指

深埋地下，如何重见天日

天然钻石形成于数十亿年前的地幔之中，蕴藏于地底深处。埋藏如此之深的钻石晶体能够破土而出、重见天日，主要得益于火山喷发，

露天开采后形成的钻石矿坑

熔岩流将含有钻石的岩浆带至地球的近地表，并附着在金伯利岩和钾镁煌斑岩中，形成钻石原生矿；或是在地表经过长途迁徙，沉淀于河流砂土之中，形成次生矿（砂矿）。

全世界钻石的主要产出国有南非、刚果（金）、博茨瓦纳、澳大利亚、俄罗斯等。天然钻石经过开采才得以被利用，但是其开采的过程往往也十分漫长和艰难，需要矿工深入地下或在砂矿的水域不断淘洗砂石而得。

度量单位也与众不同

在平时的生活中，大家经常用到毫克（mg）、克（g）、千克（kg）等质量单位，但是钻石却有特殊的质量单位，叫作克拉（ct），希腊语为 keration，符号为 k，也称作卡。“克拉”一词来源于地中海沿岸所产的一种洋槐树的名字，由于这种树的干果重量非常一致，每粒平均 0.2 克，误差很小，因此曾被当成宝石的质量单位。

后来，世界各国统一将克拉单位标准化，即 1 克拉 =0.2 克。钻石还有一个独有的百分制度量单位，叫作分，英文为 point，通常缩写成 pt，1 克拉 =100 分。我们在生活中常常听到的 30 分钻石、50 分钻石的说法，其实指的就是质量分别为 0.3 克拉、0.5 克拉的钻石。

钻石胸针饰品

知识链接

蓝色火焰般的火彩

钻石的火彩里也有另类的一族，那就是“蓝色火焰”。比利时安特卫普钻石切割大师曾为世人展现了一种新的钻石切割方式，书写了钻石切割工艺史上的新篇章。拥有89个切面的“新一代蓝色火焰”钻石由此诞生。

“蓝色火焰”钻石

从正上方俯视该钻石，人们可以观察到其腰围形状为八边形，台面呈现双八角星重叠的光学现象，当光线经过上腰棱和下腰面的折射，就能形成“蓝色火焰”般的火彩。这种切割工艺更加合理地运用了光学原理，将对钻石角度比例和棱边对称性的操控提升到了新的高度，使钻石能够更完美地释放各角度射入的光线。在聚光灯的照射下，这种钻石通体能焕发出动人心魄的璀璨光芒，仿佛一团蓝色的火焰在其间燃烧。

知识链接

骨灰也可以变钻石，这是真的吗？

钻石不仅可以天然形成和产出，还能人工合成，特别是近年来出现的骨灰合成钻石技术，尤为令人瞩目。骨灰钻石最早由俄罗斯和美国发明，是一种高科技人工合成钻石，是利用逝者身体中的碳（通常以骨灰为样本）所培育的“实验室合成钻石”。这种“钻石”制成的“首饰”，可随身携带，就像亲人以另一种永恒的形式陪伴在身边。

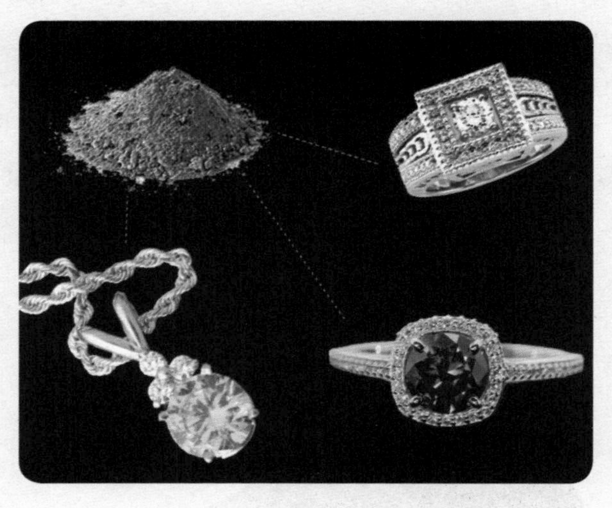

骨灰钻石

钻石与生俱来的魅力，使之蕴含着太多神秘的色彩。从数千年前，人类首次在印度发现钻石开始，它的璀璨、美丽便深受人们的推崇。其实，钻石本无价，只是因为它的独特和稀有，变得与众不同。它正用自己无言的美，向我们诉说着大自然的神奇。

亦正亦邪的臭氧

撰文 / 王恩眷

学科知识：

臭氧　氧气　化学反应　碳水化合物　光化学反应　氧化剂

臭氧，因臭氧层而被人们所熟知——位于地球上层大气中的臭氧层不断吸收太阳辐射中有害的紫外线，使地球上的人类和动植物免受伤害，被誉为保护地球的“伞”。20世纪80年代起，当科学家观测到这把“伞”在南极上空出现“空洞”时，所有人都为之担忧，一时间，南极臭氧空洞取代了企鹅，成为南极新的代名词。而近年来，剧情又发生了大反转，各种观测和研究发现：臭氧，原本待在“天上”默默守护地球的“天使”，不仅来到了我们身边，还成了危害人类健康的“反派”。亦正亦邪的臭氧到底经历了怎样的转变？我们又该如何应对呢？

臭氧和氧气其实是一家人

人类开始认识臭氧始于19世纪。1839年，德裔瑞士化学家克里斯蒂安·弗雷德里克·舒贝因在电解稀硫酸时，发现有一种特殊臭味的气体释放出来，同时还发现这种臭味同自然界闪电后产生的气味相同。后来的科学家研究后发现，这种气体的分子结构是3个结合在一起的氧原子，最终将其命名为臭氧（ozone）。**臭氧分子结构的发现表明了臭氧是氧气的“孪生兄弟”，它们在一定的条件下可以相互转化。**

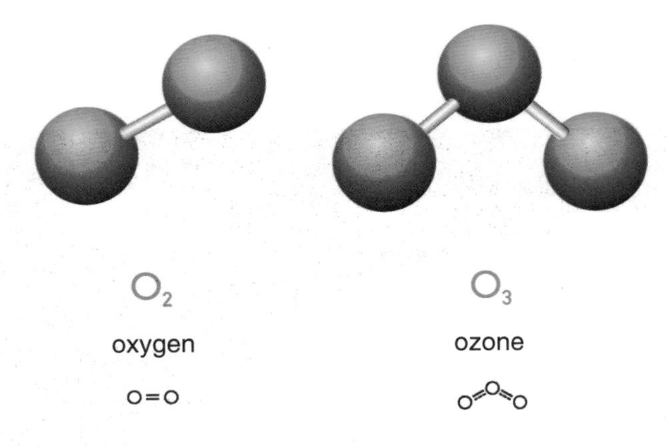

氧气和臭氧的分子结构

1913年，法国物理学家法布里通过光学和光谱学的研究，最终成功地证明了高层大气中臭氧的存在。在此基础上，英国地球物理学家卡普曼又解释了臭氧层的形成。他提出，大气中的臭氧主要是由氧原子同氧分子进行三体碰撞（三个质点同时在同一地点相碰的现象）而产生。在60千米以上的高空，由于太阳紫外线强，氧分子大量离解，三体碰撞机会减少，导致臭氧含量极少。而在5千米以下的低空，紫外线大大减弱，氧原子很少，臭氧也难以形成。只有在20～25千米的高度范围内，既有足够的氧原子，又有足够的氧分子，最有利于三体碰撞，从而产生臭氧。

3 毫米的"保护伞"究竟有何用

在距离地面 20 ~ 25 千米高度的大气层，因为大量臭氧聚集在此，因此形成了臭氧层。如果在 0℃的温度下，把地球大气层中所有的臭氧压缩到一个标准大气压（101.325 千帕），那么臭氧层的平均厚度仅仅只有 3 毫米，对于整个大气层厚度来说，占比更是只有几千万分之一。这薄薄的臭氧层究竟有什么作用呢？

臭氧层位于地球大气层的平流层中

我们知道，太阳辐射能量巨大，太阳辐射出的紫外线（按照波长由长到短）包括紫外线 A、紫外线 B 和紫外线 C，也就是我们常说的 UVA、UVB、UVC。其中波长最短、蕴含能量最大、对皮肤等伤害最大的就是UVC，而臭氧层恰恰会把UVC全部吸收，阻隔在地球以外。它同时还会吸收大部分的UVB。最终，就是这“薄薄”的臭氧层阻隔了97%～99%的紫外线辐射，使地球上的人类和动植物免受伤害，真是名副其实保护地球的“伞”。我们有理由相信，地球之所以适宜人类和动植物生存，臭氧层功不可没！

1985年，当科学家发现臭氧层在南极上空出现“空洞”时，人们开始深刻地意识到保护臭氧层就是保护地球上的生命。1995年1月23日联合国大会决定，把每年的9月16日定为“国际保护臭氧层日”，旨在通过相关活动来唤醒公众对保护臭氧层的认知。

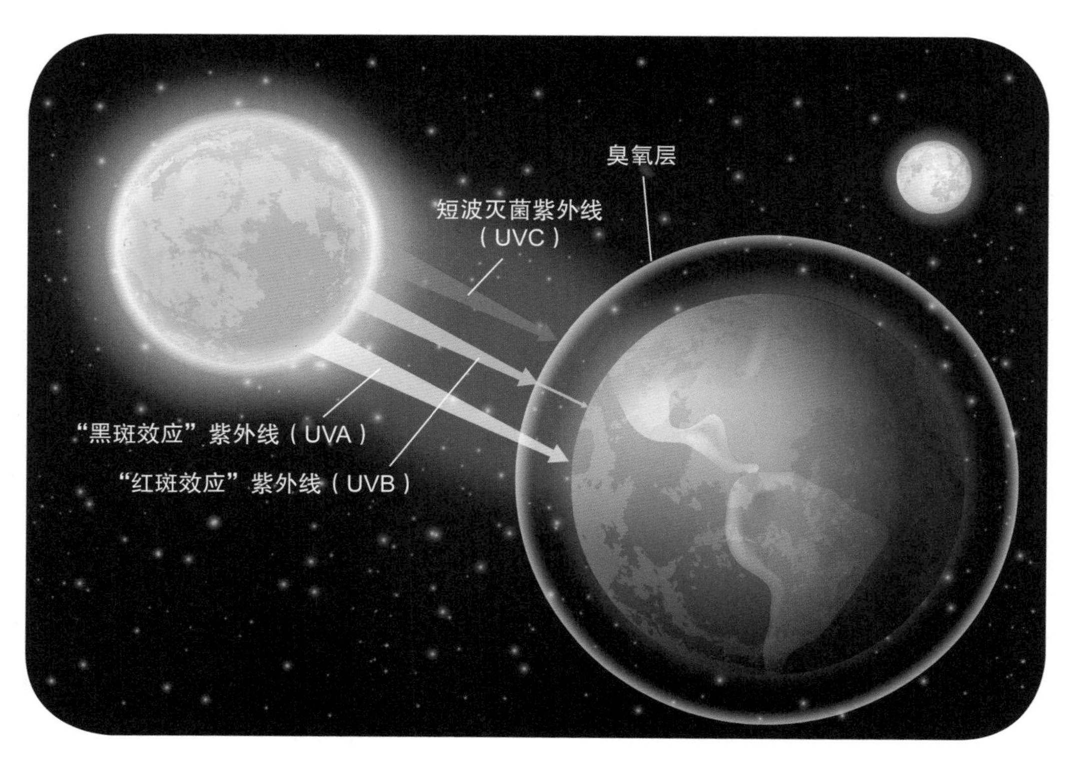

臭氧层会吸收大部分紫外线

知识链接

“黑斑效应”紫外线与“红斑效应”紫外线?

到达地球表面的紫外线中95%以上是UVA。UVA又称为“黑斑效应”紫外线，是令皮肤晒黑的主要原因，同时也是引起皮肤癌（黑色素瘤等）的重要原因，它具有很强的穿透力，能直达皮肤真皮层，破坏胶原蛋白，加速皮肤老化。UVB又称为“红斑效应”紫外线，它能让皮肤在短时间内晒红、晒伤，使皮肤角质增厚、出现暗沉等。相比UVA，UVB的穿透力弱，一般只到达皮肤表皮层，而且目前针对UVB的防护研究已较为成熟，因此，对人们来说，UVB更容易防护。

臭氧：是“天使”也是“反派”

整个地球大气中的臭氧，绝大多数（约占90%）存在于高空大气的臭氧层中，这里的臭氧默默守护着地球上的生命，是保护地球的“伞”，是“天使”。可是还有约10%的臭氧存在于近地面层，也就是我们人类生活的这个空间。在这里，臭氧不再是“天使”，而可能变成一种污染，危害人类健康。

臭氧是如何来到地面的呢？它又是如何变成一种污染的呢？

其实，我们身边的臭氧，只有少量是从高空大气中“逃逸”而来，绝大部分还是人类的生产、生活造成的。汽车尾气、化工等行业排放的氮氧化物（NO_x）和日常生活中的各种挥发性有机物

（VOCs），正是形成臭氧污染的源头。NO_x 和 VOCs 遇到高温和强光照时，经过一系列复杂的光化学反应，都容易形成臭氧。**当臭氧大量形成，浓度超过一定限值，就会成为危害人类健康的"臭氧污染"，又称为光化学烟雾。**

根据我国生态环境部发布的《2023 中国生态环境状况公报》，2023 年，全国 79 个城市臭氧超标，占 23.3%。全国 339 个城市环境空气 O_3 日最大 8 小时平均值第 90 百分位数浓度[㊀] 在 89 ~ 198 微克 / 立方米之间，平均为 144 微克 / 立方米。京津冀及周边地区 O_3 日最大 8 小时平均值第 90 百分位数浓度平均为 181 微克 / 立方米，比 2022 年上升 1.1%。

夏季晴空下的"隐形反派"

臭氧作为一种气体污染，不容易被察觉，很容易"伤人于无形"，可以说是"隐形的反派"。即便如此，它的"行踪"还是有迹可循的。从全年来看，臭氧污染一般出现在晴朗少云的春末和夏秋季节，从每年的 4 月开始，一直持续到 10 月，其中 6 月 ~ 8 月浓度较高。有助于臭氧污染形成的天气条件主要有：高温、晴朗少云、干燥、少风，这些天气条件可以总结为"热、晒、干、静"四个字。晴朗少云和干燥的天气，都容易出现强光照；而少风或者无风的天气，有利于臭氧的积累和浓度升高。一天之中，一般来说，从早上开始，随着气温升高，紫外线辐射增强，臭氧浓度不断增加，一般来说，特别是夏季，在下午 2 点到下午 6 点浓度最高，之后随着辐射减弱，臭氧浓度逐渐降低。

㊀ 某地 O_3 日最大 8 小时平均值第 90 百分位数浓度：按照《环境空气质量评价技术规范（试行）》（HJ 663—2013），将该地日历年内有效的 O_3 日最大 8 小时平均值，按数值从小到大排序，取第 90% 位置得出的数值。

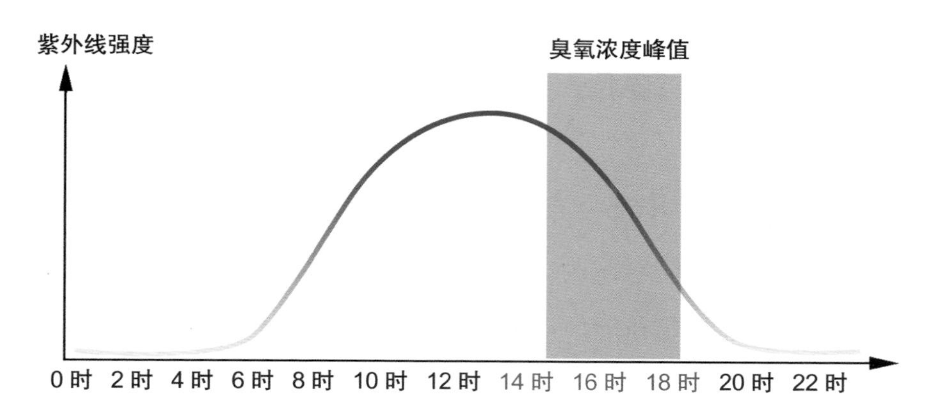

一天之中紫外线强度变化曲线和臭氧浓度峰值示意图：
下午 2 点到下午 6 点臭氧浓度最高
（图片来源 / 中国天气）

我国幅员辽阔，南北方气候差异大，各地臭氧浓度的四季变化不尽相同。在北方，芒种时节（约 6 月 5 日 ~ 20 日）很容易集“热、晒、干、静”这四种天气于一身。在南方的夏季，尤其是发生“伏旱”（不下雨、干旱的三伏天）时，臭氧污染也容易产生。而在初秋，随着我国南北方降雨的减少，秋高气爽的天气开始盛行，中午到下午还是有些热，碧空如洗的大气透明度高，所以依然要防范臭氧这一“隐形的反派”。

由于臭氧污染是气体污染，因此，通过戴口罩的方式基本起不到有效的防护作用，最好的方式便是主动躲避：在夏季和初秋晴朗的中午到下午，尽量待在屋里，少出门，窗户也少开，因为开窗户时臭氧容易乘虚而入。打印室、计算机房等房间本身就容易产生臭氧污染，因此，这样的房间要保持通风。

打印室、计算机房等房间容易产生臭氧污染

知识链接

臭氧污染的危害

臭氧作为一种强氧化剂，对人类健康的影响主要体现在眼睛、呼吸系统和神经系统上。当臭氧浓度达到 0.1ppm（相当于 200 微克 / 立方米）时，会刺激眼睛和呼吸道，此时人们往往会感觉空气“辣眼睛”和“呛鼻”。在这样的空气中停留，容易引起咽喉肿痛、胸闷咳嗽，引发支气管炎和肺气肿，造成头晕、头痛、恶心、视力下降、记忆力衰退等生理反应。臭氧还会破坏人体皮肤中的维生素 E，致使人的皮肤起皱、出现黑斑，还会破坏人体的免疫机能，诱发淋巴细胞染色体病变，加速衰老。

另外，高浓度臭氧会让植物的叶绿素、碳水化合物浓度降低，对光合作用产生影响，从而降低农作物的产量。

臭氧污染气象预报

近年来，随着人们对臭氧污染的认识加深以及越来越重视，气象部门开始将臭氧污染预报加入空气污染预报业务中。2018年6月1日，《全国臭氧气象预报业务规范》实施。按照这个规范，每年5月至10月，气象部门会开展臭氧气象预报，包括臭氧污染区域预报和臭氧浓度站点预报。当预计臭氧为首要污染物且达到轻度及以上污染级别时，预报图上会标注“光化学烟雾”符号（ ）。有了这项气象预报做指引，更有利于我们及时防护，避开臭氧污染。

减少臭氧污染，控制污染源是关键。面对臭氧污染，国家和社会已经把$PM_{2.5}$和臭氧的协同控制纳入国民经济和社会发展的“十四五”规划（2021–2025年）当中。青少年作为国家的未来和社会的一分子，也需要一起为清洁空气贡献一点自己的力量，为了大家有更好的生存环境，减少臭氧污染，请大家遵循以下准则：

① 多向周围的人宣传臭氧污染的相关知识，推广绿色生活理念。

② 节约用电，夏季空调温度的设定不要太低。

③ 绿色出行，乘坐公交、骑自行车、步行，环保又健康。

④ 日常生活中少用包装劣质和带有严重挥发性气味的日化用品。

⑤ 提醒亲友家居装修时多选择水性环保涂料。

PART 02

运用在材料技术中的化学

蚕丝：四千多岁的“新”材料

撰文 / 李云哲

学科知识：

氨基酸　蛋白质　浓度　复合材料

一说到蚕，多数人的脑海里会浮现出一条不断蠕动的白色小虫，然后会想到蚕丝和丝绸，进一步则会想到丝绸制成的服装，以及著名的丝绸之路。最早开始驯化蚕的古人何曾想到，蚕这样一种小小的昆虫，后来竟成为开辟丝绸之路的“大功臣”，蚕丝也成为散发着现代科学技术魅力的“新”材料。

穿越历史的长河

“蚕”，在诗歌中时常可见。汉代乐府诗《陌上桑》中的“罗敷喜蚕桑，采桑城南隅”；唐朝王维《渭川田家》中的“雉雊麦苗秀，蚕眠桑叶稀”；北宋欧阳修《归田园四时乐春夏二首（其二）》中的“麦穗初齐稚子娇，桑叶正肥蚕食饱”……这些或朴实清静或明快轻愉的诗句，无一不在描绘着“蚕”在古代农家中的重要地位。

1972年，长沙马王堆辛追夫人墓出土了一批惊艳世人的文物，其中一件衣服——素纱单衣，尤其引人注目。这件衣服薄如蝉翼，似云雾般轻柔，是迄今为止发现的最早、最薄、最轻的文物服饰珍品，为西汉时期纺织技术巅峰之作。素纱单衣面料所用的丝线，便是由具有四五千年使用历史的动物源纤维——蚕丝所制而成。而不论是西汉长沙国丞相夫人简洁清朗的素纱单衣，还是清朝皇后繁复华丽的吉服，都少不了蚕丝的参与。

自我国周朝始，在国家祀典中，就已确立了“天子亲耕南郊，皇后亲蚕北郊”的祭祀格局，图中清朝孝贤纯皇后就曾主持“亲蚕礼”

被驯化的“吐丝神器”

蚕，蚕蛾科昆虫，家蚕是被人类成功驯化的昆虫之一。经过数千年的人工选育，相较于蚕蛾科的其他成员，家蚕的进食量惊人，而且对居住环境也比较挑剔。因此，它们十分依赖人工精心饲养。

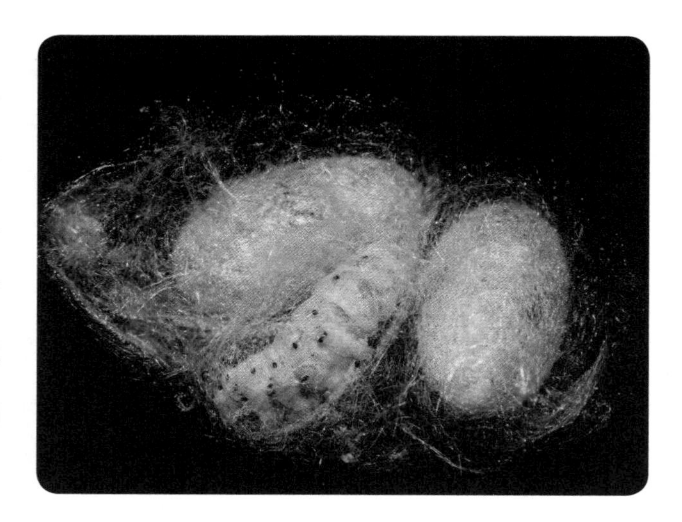

正在吐丝结茧的蚕

蚕丝线

制作丝织品的蚕丝取自蚕茧。蚕在准备化蛹时会吐丝结茧，蚕茧一般为白色或淡黄色，由一根丝线结成，丝线长度为300~900米。蚕丝由蚕的丝腺产生，待腺体里的分泌物分泌殆尽，结茧过程就结束。

蚕丝不是直接剥离抽取后就能使用，早期的方法是，先将蚕茧在热水中浸泡，然后找到蚕茧上的丝头，再用手将抽出的丝线绕于丝筐上。我国古代称此工序为“缫丝”。以前的缫丝都是纯手工操作，而纺织工业兴起后，手工便逐渐被机器替代。

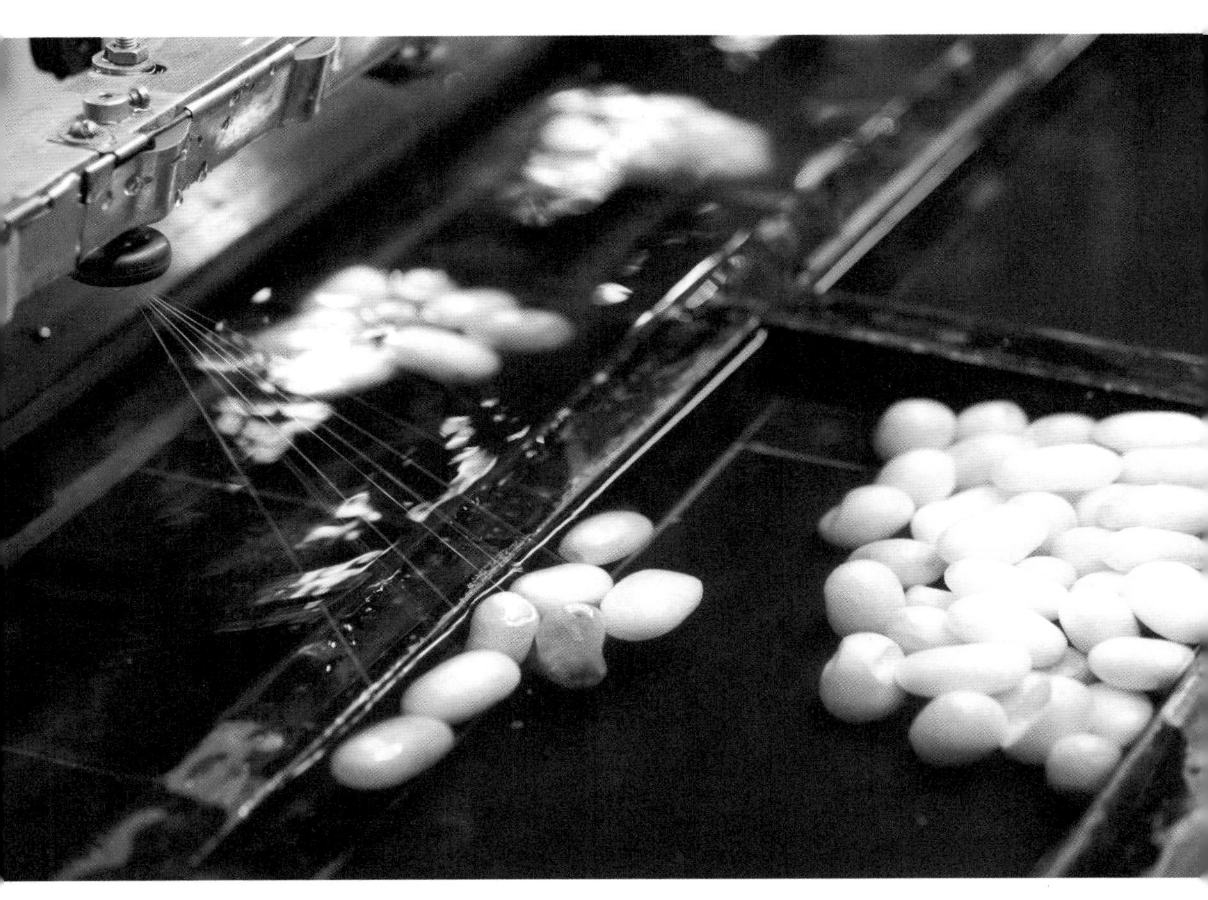

机器正在进行缫丝工序

向“新”材料华丽转身

蚕丝的主要成分是丝胶和丝素，这两者都是由氨基酸组成的蛋白质。丝胶为球状蛋白质，易溶于水；而丝素为纤维状蛋白质，难溶于水。蚕丝单丝的中间为丝素，外围是丝胶，然后两根单丝平行黏合成蚕丝。

丝素蛋白含量占蚕丝的70%~80%，由18种天然氨基酸组成。其中小侧基的甘氨酸、丙氨酸、丝氨酸占比在80%以上，多位于丝素蛋白的结晶区；而带有较大侧基的苯丙氨酸、酪氨酸、色氨酸等氨基酸则主要分布于丝素蛋白的非结晶区。

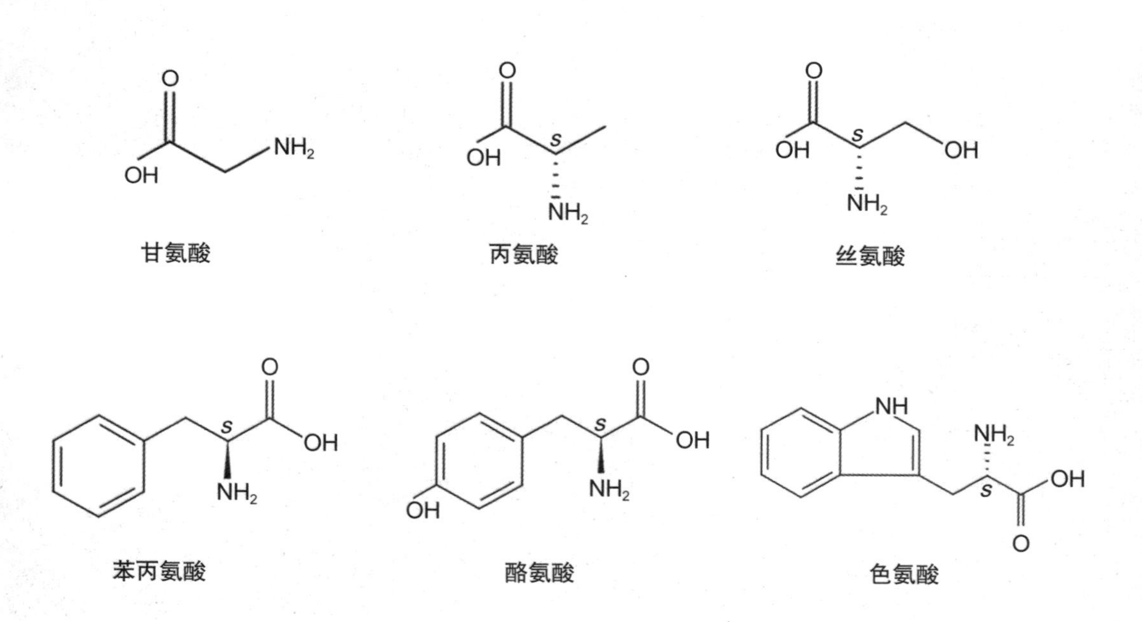

丝素蛋白所含部分种类氨基酸的分子结构（供图 / 李云哲）

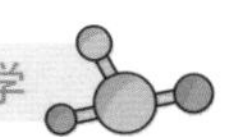

蚕丝由家蚕5龄幼虫的不同丝腺合成。中部丝腺和后部丝腺分别合成丝胶蛋白和丝素蛋白，经过一系列的pH梯度变化及钾离子和钙离子浓度的调节后，蚕丝蛋白向前部丝腺的压丝部移动，最终由吐丝孔牵引而出，固化为蚕丝。在上述过程中，**蚕丝蛋白的结构由α-螺旋或不规则卷曲向β-折叠转变，使得蚕丝获得了更好的力学性能。**在蚕丝蛋白纤维化的过程中，前部丝腺发挥了重要作用。

蚕孕育着新活力

作为唯一可以量产的天然长丝纤维，蚕丝具有较好的吸湿性能，同时也极为强韧。但涤纶、氨纶、腈纶等合成纤维的大量制造，不断变化的市场需求，以及天然蚕丝抗皱性能差、易泛黄、抗静电性能差、易起毛球等缺点，使得其相关纺织品产业受到巨大冲击。不过，蚕丝并没有因此而下线，而是在科学家们的“清奇脑洞”和科研探索之后，焕发了新的魅力，成为材料界的“新网红”。

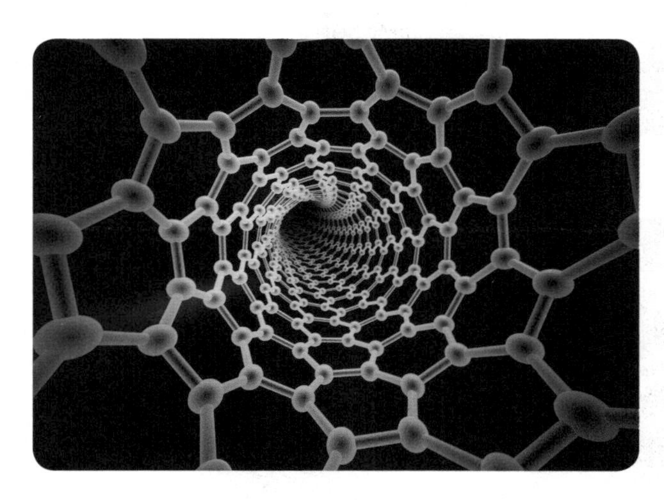

碳纳米管结构模型图，科学家们用它“改造”蚕丝

作为材料界的“流量担当”，石墨烯和碳纳米管这两种碳材料可谓集万千宠爱于一身，学术界和工业界都对它们青睐有加。它们如此受欢迎，是不是可以带着蚕丝“一起飞”？当然可以，并且“起飞”的方式有很多种：浸渍、喷洒、旋涂、化学交联等，从而将石墨烯或碳纳米管附着于蚕丝表面。但有人觉得这种方法太复杂，便直接给蚕宝宝喂食石墨烯或碳纳米管，来提升蚕丝的性能。

研究人员在桑叶表面喷洒含有石墨烯或碳纳米管的分散液，蚕吃桑叶，蚕茧的蚕丝纤维中就会含有石墨烯或碳纳米管

来自清华大学化学系的张莹莹研究团队发表在国际纳米领域顶级杂志《纳米快报》(*Nano Letters*)的一篇题目为《以单壁碳纳米管或石墨烯喂养蚕，以获得增强的蚕丝纤维》(*Feeding Single-Walled Carbon Nanotubes or Graphene to Silkworms for Reinforced Silk Fibers*)的文章，吸引了很多人的目光。

研究团队在蚕宝宝3龄时开始喂食喷洒了含石墨烯或碳纳米管分散液的桑叶，一直持续到蚕宝宝吐丝结茧。结果发现，如此获得的蚕丝在强度和韧性上比空白对照样品显著提高，而且这些含有石墨烯或碳纳米管的蚕丝经过高温碳化处理后，形成的碳化纤维导电率显著提高。他们还发现，喂食少量的石墨烯或碳纳米管对蚕的生长和蚕茧的形貌没有明显影响，且蚕丝和蚕的排泄物中存在碳纳米材料。

蚕丝除了可以跟石墨烯或碳纳米管“合作”，还可以跟二氧化钛、二氧化硅纳米粒子形成复合材料；同时，其经过静电纺丝和高温碳化处理可形成具有高导电性的石墨化微晶纳米纤维膜。因此，蚕丝及其衍生材料在柔性可穿戴设备、智能织物等领域具有较大的应用潜力。

走过数千年，蚕和蚕丝依然吸引着世人的目光，保有着经汩汩流年沁润的光泽，同时也孕育着汹涌勃发的新活力，在古老与传统中，逐渐彰显现代和新兴的模样。

燃烧的艺术——碧瓦琉璃梦

采访 / 王佳颖　　审核 / 崔胜杰[㊀]

学科知识：

铅（元素）　燃料　天然气　金属氧化物

琉璃是皇家建筑的重要装饰构件。我们在参观我国古建筑时，常常会看到色彩绚丽的碧瓦琉璃，这些精美的装饰物是如何被古人制作出来的呢？古老繁复的琉璃烧制技艺由来已久，经历一代代优秀工匠之手，传承至今。2008 年，琉璃烧制技艺被列入《第二批国家级非物质文化遗产名录》。

琉璃中的科学

琉璃烧制技艺的每一步都蕴含着匠人们数百年的传承。随着时代的发展，琉璃的生产工艺也在不断地改进，适应着新的变化。

建筑顶端的琉璃

㊀ 本文由王佳颖采访琉璃烧制技艺传承人蒋建国大师后所作，经崔胜杰老师审核。

烧制

烧制的过程重点在于对釉料特性的掌握和温度控制。釉料的软硬与一种化学元素有关，那就是釉料配方中的铅。如果铅含量高，釉料就软，烧制的温度就要稍微低一些。相反，如果铅含量低，釉料就硬，烧制的温度就要高一点。

选择合适的窑和燃料也至关重要，一般来说，素烧窑比烧釉的窑更大，温度更高一些，所以一般用煤做燃料，现在出于环保的考虑会改用天然气或煤气。而烧釉的窑不能用煤做燃料，这是为什么呢？因为煤里含有硫，会把釉熏变色，而且烧釉也不需要那么高的温度，所以一般都用柴做燃料，使温度控制在960~1100℃。

颜色

以故宫博物院的“九龙壁”为例，琉璃的颜色以黄、绿、蓝、棕为主，偶尔也有黑色和紫色，那么这些颜色是怎么制作出来的呢？

过去的釉料是把各种天然矿石研碎，用水调和而成需要的颜色。那些色彩都来源于矿石的颜色。**现代工业兴起之后就用到了化工颜料——各种金属氧化物。**比如蓝色会用到氧化钴，黑色会用到二氧化锰，绿色则会用氧化铜等，不同的金属氧化物会让琉璃制品呈现出不同的色泽，琉璃的色彩也呈现出新的变化。

蒋建国先生在制作九凤壁

（供图 / 蒋建国）

知识链接

缺一不可的工序

故宫博物院中那些色彩丰富、寓意深远的琉璃，大都来自北京门头沟琉璃渠，这里相当于御用琉璃工厂。当时经历了长时间标准化的流程梳理，这里的琉璃烧制技艺已形成一整套制作规程，即“官式”做法。

1 选料

烧制原料以琉璃…及附近盛产的坩子土(…岩)为主，它不易裂…可塑性较好。

7 半成品制作

没烧坯子前的未…型物品要进行倒模、…活儿(塑形)、抠活儿(…刻)、画、灌浆或脱…儿这几个步骤。

部分制作工具，从左到右依次为靠地(修饰造型)、捋脯(修饰胸脯)、铲刀(切去泥坯多余部分)、戳眼(点“睛”)、画尺(勾画造型和图案)、鳞掐子(做龙鳞或鱼鳞)

8 干燥

这道工序也叫晾坯，小件需要2~3天，大件需要一周左右。

9 装窑

把烘干成型的坯子搬到窑里码放好。

图为旧时的窑，如今琉璃烧制已有现代化电脑控温装置

10 素烧

温度要达到1150℃，7天左右，烧窑过程中要逐渐升温，以防出现裂纹。

11 出窑

窑晾凉之后把坯子搬出来，进行检验。

12 挂釉

单一颜色的琉璃用勺舀釉浇在坯子上，多色的需要工人用自制的笔上色（如右图）。

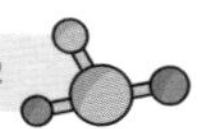

2 晒料

原料进厂后，先经历 1 年以上的时间待自然风化。然后铺开，挑出树根、石灰石等杂质再进行晾晒。

3 配料

在新料中加一点用过的熟料（又称回坯料）。

4 粉碎

材料经过粗碎和细碎两次粉碎过程，直到呈粉末状。

5 搅泥

材料粉碎好后放在池子中，加水，泅 7 天左右，然后取出进行搅泥。

6 设计

官式琉璃都有特定的规格（从“二样”到“九样”）和纹饰，如果规格有变化就需要重新勾图设计了。

石膏模子

“七样”（规格）的模

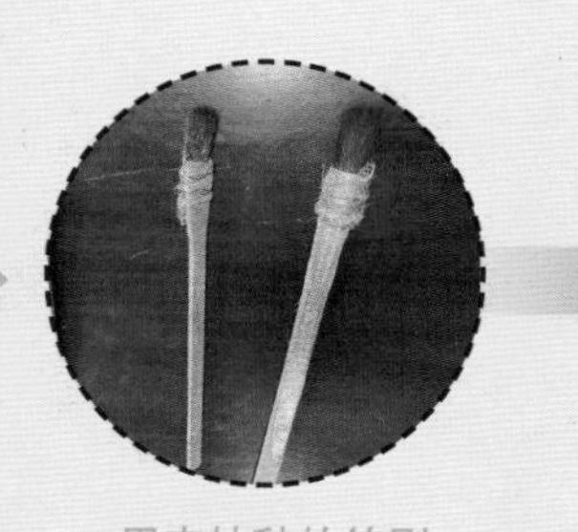

用来抹釉的笔刷

13 烧釉

温度在 960~1100 ℃，根据不同釉料确定不同温度。

14 成品

出窑、检验，制作完成。

不同颜色的琉璃

九龙壁局部图

烈火淬炼的艺术品

有了成熟的工艺和标准的制作流程，烧制的琉璃品质就越来越好。古时琉璃一般被用于建筑，如屋顶或墙面上的装饰，还有影壁、牌楼等装饰。根据不同的场合琉璃有多变的造型，线条优雅、色彩纯正，彰显出威严气派，堪称中华技艺一绝。

一件精美的琉璃艺术品既要保证物理性能的优良，如吸水率、遇冷和遇热的状态等，又要经得住人们对其外观的审视，如颜色是否纯正、光泽度、纹饰流畅度、尺寸是否合规等，还要有精美的造型设计。正是匠人们精湛的技艺，才使得琉璃艺术品历经数百年风霜依旧风采卓然、流传至今，成为中华建筑史上的瑰宝之一！

表面活性剂的前世今生

撰文 / 王万绪　　台秀梅

学科知识：

表面活性剂　溶液　分子　阳离子　阴离子

我们每天都会使用香皂、牙膏、沐浴液等洗护用品清洁自己，以保持卫生和健康。但是为什么这些产品能够起到清洁的效果呢？其实这是一种叫作表面活性剂的物质在起作用。在使用洗护用品时，表面活性剂就像一群勤劳的小精灵，忙碌着把身体的污垢一点点包围起来，当我们用水一冲，污垢便被这群小精灵拉扯着离开我们的身体表面了。令人惊讶的是，这种小精灵已有 4000 多年的历史了。那它到底是怎样努力工作的呢？

表面活性剂中的起泡剂可以在水面形成丰富的泡沫

诞生于两河流域的神奇“魔法”

表面活性剂是指加入少量就能够显著改变溶液体系界面状态的物质。人类认识表面活性剂是从洗涤剂开始的。让我们一起来了解洗涤剂的发展史吧！

早在公元前 2500 年，幼发拉底河流域的苏美尔人就已经知道用羊油和草木灰制造肥皂；而考古学家在挖掘庞贝遗址时还发现了制肥皂的作坊。19 世纪中叶以前，肥皂一直是人们使用的唯一的表面活性剂。随着第二次工业革命的推进，土耳其红油（磺化蓖麻油）出现了，这是一种由植物油制得的洗涤剂，具有良好的水溶性，解决了肥皂不耐硬水、不耐酸的问题。随着石油工业的发展，石油硫酸（绿油）成了一种由矿物油制得的洗涤剂。第一次世界大战期间，德国从煤焦油衍生物中开发出了短链烷基萘

古人用燃烧后的草木灰和羊油混合清洗衣物

磺酸盐类表面活性剂——拉开粉（nekal BX）。20世纪30年代，长链烷基苯磺酸盐开始登陆市场，并作为洗涤剂的主要原料称霸洗涤剂行业，直到现在。德国在第二次世界大战后，开始了乙二醇衍生物的研究，开发出许多性能优良的非离子型表面活性剂，大大促进了液体洗涤剂的发展。

你一定好奇，我国勤劳智慧的古人用什么洗衣、洗澡呢？拥有辉煌文明的中华民族，最早在周代就已经利用草木灰洗涤衣物，《礼记》中就有记载“冠带垢，和灰请漱；衣裳垢，和灰请浣”。魏晋时期，人们发现皂角和澡豆有去除污渍的作用。皂角树的果实——皂角，泡在水中可以产生泡沫，具有一定的去污效果，且纯天然不伤手。澡豆是将动物胰腺清洗干净，再将胰腺多余的脂肪研磨成糊状，将豆粉、香料加入其中，混合均匀，经过自然风干而成。这两种洗涤剂在我国沿用了一千多年，见证了我国历史的兴衰。直至民国初期，西方制皂术

具有去污作用的皂角

传入，我国才开始改用肥皂，并将其称为“洋胰子”。20 世纪 50 年代开始，我国开始大力发展表面活性剂和合成洗涤剂工业。经过科研人员的不懈努力，我国表面活性剂的发展后来居上，品种数量不断增加，位于世界前列。

19 世纪中叶，肥皂开始被大量使用

各司其职的“家族成员”

表面活性剂分子一般由两部分构成，一部分是亲水基团，另一部分是疏水基团。根据亲水基团的类型，可以将表面活性剂分为：离子型表面活性剂和非离子型表面活性剂。离子型表面活性剂的基团在水中可以解离，根据其亲水基团离子的类型，可分为阴离子型、阳离子型和两性离子型表面活性剂。**非离子型表面活性剂在水溶液中不发生解离，没有离子生成。**

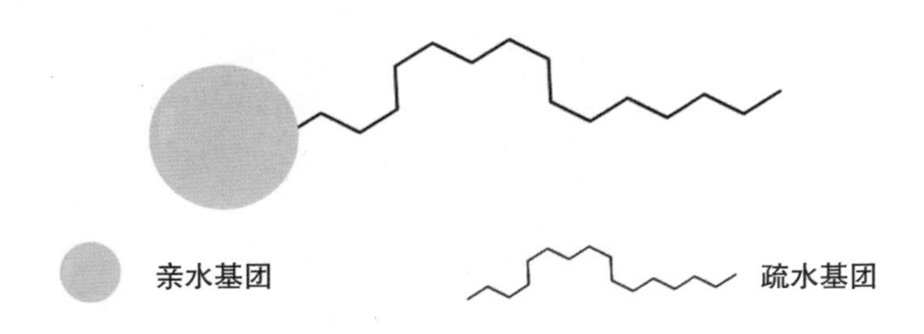

表面活性剂分子结构示意图（供图／台秀梅）

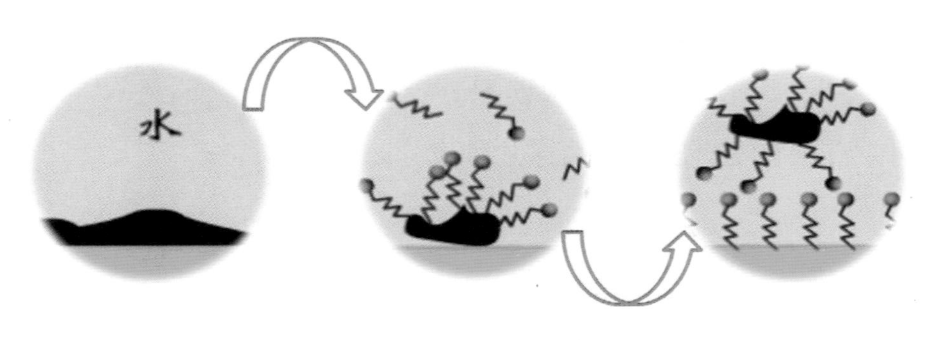

洗涤剂去污过程示意图（供图／台秀梅）

阴离子表面活性剂具有良好的乳化、分散、增溶、起泡、去污能力，是应用最广的表面活性剂，主要作为洗涤剂使用，目前较为常用的包括直链烷基苯磺酸钠等。阳离子表面活性剂自身带有正电荷，具有很强的吸附能力，日常使用的洗手液、洗衣液、创可贴等产品中大多会加入季铵盐类阳离子表面活性剂，以起到杀菌的作用。两性离子表面活性剂具有良好的生物降解性、耐硬水和耐电解质能力，低毒、低刺激，与其他表面活性剂具有很好的复配性能，可以作为高档洗涤剂（如适用于真丝、羊绒的洗涤剂）、柔软剂、抗静电剂、乳化剂和杀菌剂等。非离子型表面活性剂具有很强的润湿、乳化及去污能力，与其他表面活性剂具有很好的复配性能。来源于天然植物的非离子型表面活性剂，如烷基糖苷（APG），可用于婴幼儿护肤品和敏感肌肤类护肤产品中。你不妨拿出家里的洗衣液、洗手液、沐浴露，仔细阅读配方说明，看看有没有出现上面这几种成分。

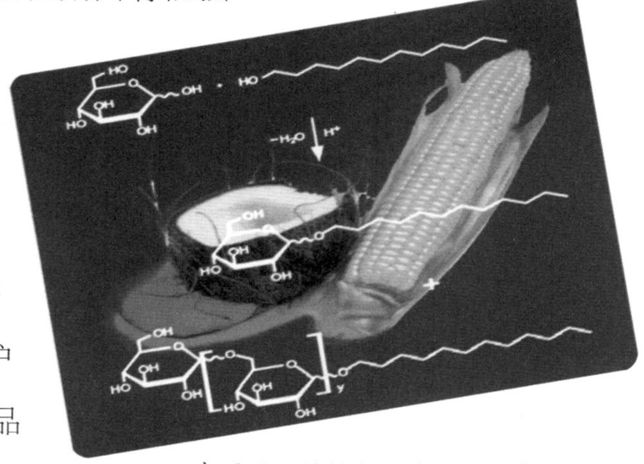

来源于天然植物的非离子型表面活性剂——烷基糖苷（供图／台秀梅）

未来可期的“工业味精”

表面活性剂具有“工业味精”的美誉，特殊的分子结构，使其在各行各业应用广泛。随着表面活性剂研究的进一步深入，人们对其性质和功能的认识逐步加深。目前，表面活性剂的使用不再局限于洗涤用品和纺织领域，它还被广泛用作分散剂、柔软剂、催化剂、防水剂、防污剂、润滑剂、防尘剂、防腐剂、铺展剂、增稠剂、抗静电剂、防沉积剂、表面改性剂等功能性试剂，在化妆品、食品、医药和农药、油漆涂料、采矿、建筑、金属加工等领域发挥着重要作用。

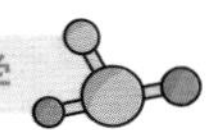

表面活性剂的主要功能及应用（供图／台秀梅）

拥有悠久历史的表面活性剂并没有随着时代的进步而落伍，相反，它不断地融入各个新兴的领域，在各种产品中起着画龙点睛的作用。未来，表面活性剂仍将与时俱进，朝着绿色环保和功能化的方向发展，力求在聚焦功能性的同时，确保产品的绿色环保和生态安全性，以降低对环境的影响和人体的伤害。它一如既往地陪伴人类的生产、生活，默默地给我们提供便利。

把“空调”穿上身

撰文 / 孙亚飞

学科知识：

智能材料　二氧化钛

炎炎夏日，各种解暑招式层出不穷。很多人印象中的标准操作，都是穿得尽可能清凉，吹着空调，吃着西瓜解暑。穿得越薄越凉快，这似乎是小孩子都懂的道理。一些生活常识也在让人们加强这样的理念，比如遇到中暑的人，首先要做的一件事就是解开厚重的衣物，让身体散热。

然而，现代材料科技的发展，却在悄然改变着这一切，说不定有一天，我们就可以把“空调”穿到身上——衣服不光可以保温，还可以降温。

智能是什么

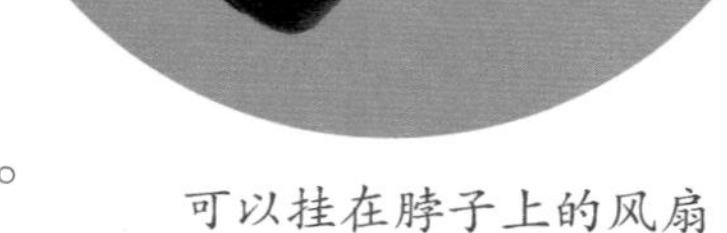

可以挂在脖子上的风扇

看到这里，或许你首先想到的，会是这样的产品——带风扇的帽子。虽然它实现了可穿戴，不过这离“智能”还差得有些远。

什么是智能呢？

实际上自然界就有很多值得学习的“榜样”。在撒哈拉沙漠地区，生活着一种旋角羚，它的毛可以根据外界气温发生变化。天冷的时候，它就会长出细密的绒毛，保持体温；但是到了大热天，它就会换一身硬直的毛，帮助散热。但对于人类来说，自然选择并没有让我们生长出“智能”的毛发，于是智能设备就只能靠发明创造了。

人类的体温（核心部分的温度）一般是37℃左右，而体表温度一般是33℃左右。根据热力学第二定律，我们可以知道，**热量只会自发地从高温物体流向低温物体，不会自发地从低温物体流向高温物体**。这就不难看出，假如外界气温低于33℃，我们的身体会自发向外散热，可是当夏天特别炎热，超过体表温度的时候，身体就不能依靠简单的物理定律降温了，只能调动各项身体机能防暑，比如出汗。

智能的面料

高温酷暑，汗流浃背，你一定巴不得脱去黏在身上的衣服充分散热。但在这个时候，和常识相反，穿上衣服反而比裸身要更凉快。这是真的吗？如果在夏季的室外实际体验一番，就不难感受到这一点差别。

既然脱衣服抵抗不了酷暑，那就在衣服上想办法吧！将衣服的面料革新一番，或许可以更有效地散热。

美国麻省理工学院的科研人员曾研制出了一类很有趣的材料，并称其为“第二皮肤”。这种材料在制成衣服之后，可以根据穿衣人的身体状况产生变形，当它探测到汗水时，就会在后背生长出“小翅膀”，就像肌肤上的毛孔一样打开，从而提高汗水的蒸发速度，促进身体降温。

“第二皮肤”是依照什么原理呢？原来在这种面料中，科研人员植入了一种特殊的纳豆杆菌，而且纳豆杆菌是存活状态。当纳豆杆菌感受到水汽之后，就会开始膨胀，不仅吸收了汗水，其体积的变化还会推动后背的“小翅膀”张开。

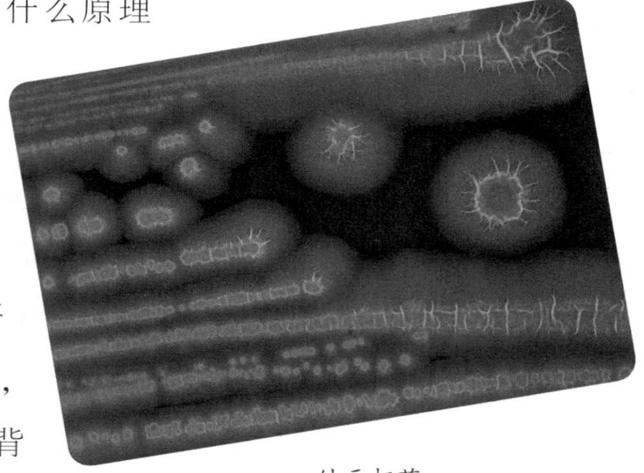
纳豆杆菌

对于普通人来说，这一点设计上的差别，或许只是让体感温度出现一点变化，从而获得更舒适的体验。但如果是专业运动员穿上这样智能的衣服，或许就意味着成绩上的天壤之别。

除了促进排汗，防晒也是夏季防暑的重要环节，这同样离不开智能材料的贡献。

一件薄薄的户外T恤，仅仅是一个鸭蛋的重量，通过防晒设计，能让穿着者的体感温度比实际下降10℃吗？不必惊讶，这已经是实现商品化的科技了。

夏季阳光直射，毒辣异常，如果我们能够想办法阻隔阳光中的能量进入身体，或许就能感到舒适很多。但是，这个过程实现起来并不容易。要单说阻隔效果好，棉被肯定胜过普通的衣服，可真要穿件像棉被一样厚的衣服，身体的热量不能散掉，也是无济于事。

不过，新型的材料可以解决这一矛盾。比如二氧化钛，它就可以非常高效地阻挡阳光，尤其是当它被制成纳米级二氧化钛时，几乎可以完全散射阳光中的紫外线。若是在面料上涂上薄薄一层，衣服的重量没有显著增加，对夏季烈日的防御力却有了质的提升。形象地说，这就如同把防晒霜穿到了身上，还不用担心会被汗水冲刷掉。

纳米二氧化钛 3D 示图

当然，这依然只是一个开始。美国加利福尼亚大学圣迭戈分校的科研人员发表过论文，报道了一种新型柔性热电装置（flexible TEDs），它可以实现主动加热或降温。当气温在 15 ~ 36℃之间时，该装置可以使人体的体表温度始终维持在 33℃左右，真正做到了把“空调”穿在身上。

对一间房屋制冷制热，这在如今已经是非常成熟的科技了，但是要想让一件衣服实现同样的功能，那就是俗语所说的“螺蛳壳里做道场”了。

不同于一般空调采用的蒸气压缩冷却系统，科研人员利用了热电效应。简单来说，就是对一种热电材料通上直流电，它的一端就会变热，另一端就会变冷，于是，不管是升温还是降温，都可以通过它来实现。为了能够让它穿在身上，科研人员将它设计成了柔性的，方便与衣服紧紧贴合。

不过，现在问题来了，直流电怎么产生呢？其实，人体本身就好比是块电池，因此科研人员正在尝试，借助于人体的代谢，实现直流电输入，低碳而又安全。相信不久的将来，新型服装面料制成的商品将会普及，你可以很容易在商店里买到一件能够自由调节冷暖的衣服，穿上它畅游极寒的南极冰川、炎热的撒哈拉沙漠。

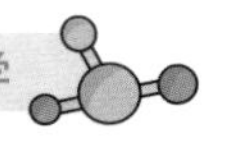

微塑料：海洋汤锅里的毒汤料

撰文 / 刘　华

学科知识：

塑料　微塑料　聚乙烯　聚乳酸

近年来公众对于塑料问题的讨论愈演愈烈，细心的朋友会发现，如今很多商家已经用纸质吸管替代塑料吸管。塑料为何从“改变世界”的发明变成危害环境的众矢之的？当我们面对无处不在的塑料、微塑料污染时，应该采取怎样的行动呢？

“改变世界”的伟大发明

1893 年，美籍比利时化学家列奥·贝克兰发明了 Velox 照相纸。随着这个发明的成功，列奥试图寻找另一个具有发展前景的化学领域。通过对酚、醛反应过程中的温度和压力的控制，列奥在 1907 年成功制造出我们俗称的酚醛树脂。后来，列奥被称为“塑料（工业）之父”，他发明的这种廉价、不易燃烧的通用塑料，标志着现代塑料工业的开始。随后的几十年，人类在此基础上不断地制造出各种新塑料材料，塑料工业逐渐蓬勃发展起来。1959 年，瑞典包装设计师斯滕·古斯塔夫·图林设计了一体式聚乙烯购物袋。他认为这项发明将拯救人类和地球，人类不用砍伐森林来制造纸袋。在之后短短的十余年内，塑料袋便几乎完全替代了纸袋。

塑料袋等塑料包装材料雄霸世界，也成了典型的一次性制品。大量的塑料袋等一次性塑料制品在短暂的使用之后便成为废弃物进入自然界或者填埋场、焚烧厂等处理场所。虽然塑料袋确实给人类的生活带来了一定的便利，但遗憾的是，据有关报告显示，人类生产的塑料中，只有 9% 得到了回收利用，19% 被焚烧，剩下 72% 的塑料进入自然界或填埋场污染着地球环境，危害我们的健康。澳大利亚和加拿大科研人员根据模型测算，海底可能堆积着多达 1100 万吨的塑料垃圾。

这些被排放进自然界的塑料垃圾并非一成不变。**在自然条件下，经过风吹、日晒、海洋的波浪等作用，这些塑料垃圾逐步分解、破碎，成了一**

每分钟约有 1 卡车的塑料垃圾被倒进海洋；预计至 2050 年，海洋中的塑料垃圾总质量将超过鱼类总质量

个个微小的塑料颗粒，我们称为微塑料。目前，科学界对于微塑料的定义通常指的是直径小于5毫米的塑料碎片、颗粒、纤维等。除了这种来自于较大的塑料垃圾、由于物理和化学的作用分解而形成的次生微塑料，还有一类人造产生的原生微塑料，包括塑料微珠和塑料微纤维。

塑料微珠直径一般小于1毫米，通常由聚乙烯制成。因为其具有去除角质和死皮的效果，常常用于个人护理产品中，例如洗面奶、牙膏中使用的摩擦剂微粒。一支磨砂洗面奶中可能就含有超过30万颗的塑料微珠。**塑料微纤维则是来自于人类使用人造纤维制造的纺织品**。根据英国广播公司的报道，假如你的洗衣机平均每次可以洗涤6千克的衣物，每次大约会有70万个细小的塑料微纤维通过下水道进入江河湖海。这些塑料微纤维最终会汇入海洋，成为塑料污染的一大来源。这些原生、次生的微塑料源源不断地汇集，海洋就像一个巨大的汤锅，而且还在不断地添加着“塑料汤料”。据《自然·通讯》发表的一篇模拟研究论文估计，美国加利福尼亚海岸附近的滤食性鲸每天摄入最多1000万件微塑料。这一研究结果表明，须鲸可能是所有生物中摄入塑料最多的生物，而且微塑料对这些鲸的威胁可能比我们之前认为的更大。随着科学研究的深入，我们发现除了海洋，淡水、土壤、大气中都有微塑料的存在，甚至我们生活中常见的食盐、矿泉水等食品中都检测到了一定量的微塑料颗粒。除了人类频繁活动的区域，甚至在人类活动较少的地区、人迹罕至的冰山、海沟也陆续检测到了微塑料。可以说微塑料已经无处不在。

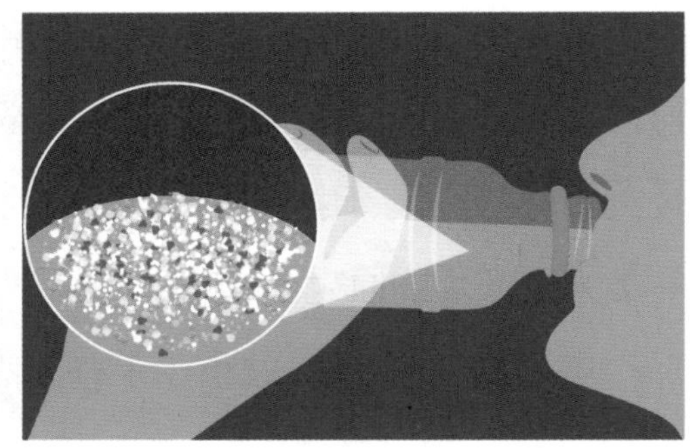

食盐和矿泉水中可能含有塑料微粒

微塑料的"毒"从何而来

微塑料的来源之一是我们生产的各种塑料制品。这些变成微塑料的塑料有一些本身就自带有毒有害物质。另一方面，即使微塑料本身是不含有毒有害物质的塑料材料，但是由于微塑料的体积小，有着巨大的比表面积（比表面积指多孔固体物质单位质量具有的表面积）。比表面积越大，吸附能力就越强。自然界存在的有毒有害物质，包括多氯联苯、多环芳烃、双酚 A 等都可能被吸附在微塑料的表面，成为危害的另一个来源。

聚乙烯塑料（PVC）是我们常用的塑料之一，也是含有有毒有害物质的典型塑料。如果大家在塑料制品上看到一个回收标志里面标的是数字 3，表示这种塑料制品就是 PVC 的材质。PVC 本身很硬，不适合直接做成袋子、玩具等产品，这就需要添加增塑剂来软化。其中最常见的增塑剂是邻苯二甲酸酯。邻苯二甲酸酯是一类内分泌干扰物，会伤害生殖和神经系统，特别是对婴儿和幼儿的危害更大，会导致男童女性化、女童性早熟等问题。双酚 A 也是一种内分泌干扰物，乳腺癌、前列腺癌等疾病都和双酚 A 的干扰有一定关系。

这些微塑料和它们携带的有毒有害物质是如何进入我们的生活，危害人类健康的呢？

海洋中的微塑料颗粒看起来很像食物，鱼、两栖类动物和海鸟等很容易误食，从而堵塞其消化道并引发其他健康问题，而处于食物链顶端的人类可能是最终的受害者。微塑料通过食物链和日常饮食进入我们的体内，其本身含有的以及吸附的有毒有害物质将可能会给人类带来危害。

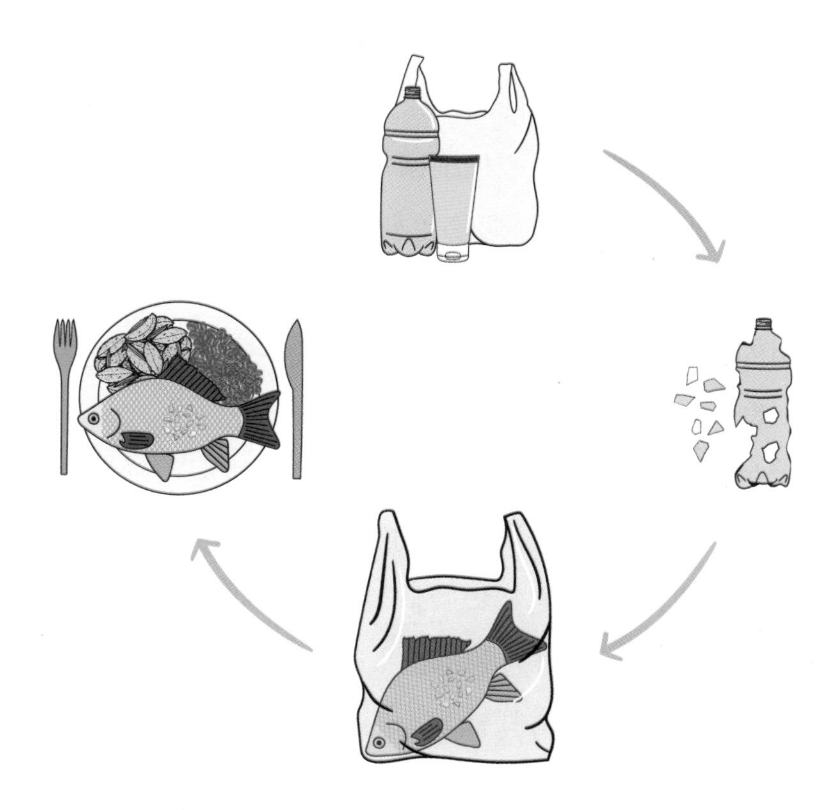

研究发现，新西兰南部3/4的野生鱼类体内充满微塑料颗粒，这种鱼对食用它们的人也会造成危害

跟微塑料说“再见”

如果按照目前这种情况发展下去，我们可能不得不面对与微塑料长期共存、长期受其影响的状况。说了这么多，你可能会感到不知所措，究竟该如何避免微塑料对我们的危害呢？

北京航空航天大学的杨军教授研究团队及其合作者发现，黄粉虫幼虫可降解聚苯乙烯（PS）这类塑料。若以聚苯乙烯泡沫塑料作为唯一食源，黄粉虫幼虫可存活 1 个月以上，最后发育成成虫，其所啮食的聚苯乙烯被完全降解矿化为二氧化碳或同化为虫体脂肪。这项研究为我们解决目前的塑料、微塑料危害带来了一线曙光。而来自日本的科学家也有了一项研究成果，一种细菌可以“吃掉”聚对苯二甲酸乙二酯塑料（PET，即常见的塑料瓶的主要成分）。这些研究工作取得的成果非常重要，但是也需要科学家的继续努力让这些研究成果转化为真正可以使用的技术以应对污染问题。除了科学家的努力，我们还可以做些什么来改善现状呢？

来自爱尔兰的少年费安·费雷拉，凭借一项运用磁性流体（磁性粉末和油性液体）去除水中微塑料的实验夺得美国科技类大奖。他通过一个高中化学课上学到的知识：同性材料相吸引，即同为非极性的油性分子对塑料颗粒的吸引力一定远大于极性的水分子。他随即提出，如果往水里加油，让微塑料与油混合，再用磁性粉末和磁铁将油污从水中分离，微塑料是否可以被一并去除呢？费雷拉经过多达 1000 次的实验，最终证实了磁性流体可以有效去除水中的微塑料。除含聚丙烯的微塑料去除率约为 80% 以外，实验中其余 9 种微塑料的去除率均达到了 85% 以上。他的大胆假设和小心求证为减少海洋塑料污染提供了一个非常有潜力的解题新思路。

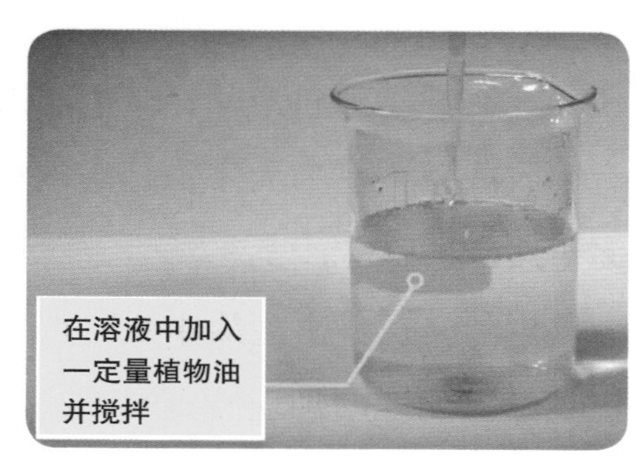

费安·费雷拉实验过程示意图，他通过实验证实了磁性流体可以有效去除水中的微塑料

微塑料是来源于石油化工产业的产物，石化资源也是不可持续的一种资源。微塑料带来的这些危害从某种角度来说，也是由于我们对于石化资源和塑料制品使用不当、管理不妥造成的一种污染问题。

我们应该在日常生活中，尽量避免使用会产生微塑料的产品，如具有磨砂功能、可能添加了原生塑料微珠的个人护理产品。尽量避免使用一次性的塑料产品，避免制造更多的塑料废弃物，特别是那些不宜回收或者不易为大家识别的塑料产品都可能成为微塑料的来源，对大自然产生危害。

当然，在日常生活中我们很难避免塑料制品的使用。因此，我们应该尽可能地增加现有塑料产品的使用寿命，最大限度地重复使用这些塑料产品，避免用后即弃的消费习惯。最后，我们建议大家依照各地的实际情况，尽可能妥善地对塑料废弃物进行分类回收，避免造成环境污染和人体健康的威胁。

为此，我们可以遵循三个步骤，也就是废弃物管理常说的“3R原则”，即源头减量（Reduce）、重复使用（Reuse）和回收利用（Recycle）。通常来说，如果我们能依次按照这三个主要原则进行尝试，就能很好地将环保落实在日常生活中。相信我们每一次的努力都能带来积极的改变，从我做起，从点滴做起，就有可能减少微塑料带来的危害。

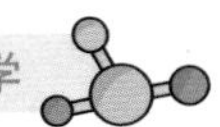

“3R 原则”示意图

人类需要用实际行动减少塑料垃圾的污染

知识链接

可降解材料

我们需要规避一些当前不太妥当的“伪环保”理念，比如“可降解材料”的滥用。第一，“可降解材料”的定义比较混乱，很多产品并非真正的“可降解”。第二，目前常见的具有“可降解”性能的材料，如聚乳酸（PLA），其实需要严格的工业堆肥条件来保障降解过程的温度、湿度和空气供应，才能比较好地实现降解。有实验显示，没有这些堆肥的条件，散落在自然界的PLA和普通塑料瓶使用的PET的自然“降解”速度区别不大。另外，我们现在的分类回收体系也不具备对使用后的“可降解”塑料分类处理的条件。即使这些“可降解”塑料有工业堆肥来统一处理，但是如何将普通塑料和“可降解”塑料有效分开，分别回收处理也是一个难题。最后，不得不提的是，用“可降解”塑料替代传统塑料依然没有改变“一次性”消费的线性商业模式，依然是对资源、能源的“一次性”消费。而循环经济的模式，才是我们值得探索的未来之路。

由可生物降解材料制成的包装用品

PART 03

暗藏在生活中的化学秘密

古建筑里的“添加剂”

撰文/周　乾

学科知识：

淀粉　分子式　氧化钙　氢氧化钙　碳酸钙　白矾（硫酸铝钾）

我国的古建筑有着悠久的历史和灿烂的文化。它们历经千百年而完整地保存至今，这离不开精湛的施工技术。古建筑在施工中会掺入少量“添加剂”，它们巧妙地与古建筑施工材料混合，并通过物理和化学反应来提高古建筑的强度以及防潮、防老化等性能。不得不说，在古建筑中掺入“添加剂”之后，也相应增加了建筑瓦石、彩画、裱糊等的稳定性或耐久性，从而使这些文物能够历久弥新，流传至今。究竟这些“添加剂”都有哪些呢？

清代皇家建筑——惠陵隆恩殿

猕猴桃糯米味的城墙

糯米又称江米，主要成分为支链淀粉，分子式为（$C_6H_{10}O_5$）$_n$，其中 $C_6H_{10}O_5$ 表示脱水葡萄糖单位，n 表示脱水葡萄糖单元数量。糯米不仅作为一种食物存在，而且在我国古代建筑工程中得到了充分运用。明代科学家宋应星所著的《天工开物》中就有这样一段记载：“用以襄墓及贮水池，则灰一分，入河沙、黄土二分，用糯粳米、羊桃藤汁和匀，轻筑坚固，永不隳坏，名曰三和土。”这句话的意思就是，在砌筑墓地、蓄水池等地下建筑时，用石灰、沙子、黄土按 1∶2∶2 混合，再掺入糯米、猕猴桃汁拌匀，即可建造出牢固不坏的建筑，而这种土，也称为“三和土”。此外，南京明故宫建造所用的灰浆成分中也含有糯米。明代学者吕毖所著《明朝小史》中就指出，南京城在建造时，往砌筑砖墙的石灰中掺入“秫粥”（糯米熬成的粥）的过程。

南京明故宫午门城台

在清代皇家建筑——惠陵工程的基础施工中也有灌糯米浆的传统做法，即把煮好的糯米汁掺上水和白矾以后，泼洒在打好的灰土上而后进行灰土施工。在第一次灰土施工夯实后、第二步灰土施工前，在拐眼上再洒两次水，第一次为七成水并掺有糯米汁，第二次为三成水并掺有糯米汁，以利于糯米汁渗入灰土中。这些史料说明，古代工匠充分认识到了糯米对提高建筑基础强度和黏结性能的有利影响。

知识链接

城墙中的糯米是如何加固城墙的?

灰土中的氧化钙（CaO）与水反应生成氢氧化钙〔$Ca(OH)_2$〕，该反应也被称为生石灰的熟化反应；氢氧化钙再与二氧化碳（CO_2）反应生成碳酸钙（$CaCO_3$），反应方程式如下：

$$CaO+H_2O=Ca(OH)_2 \longrightarrow Ca(OH)_2+CO_2=CaCO_3\downarrow+H_2O$$

研究表明：掺入糯米的灰浆具有强度大、韧性好、防渗性好、防腐性好等优点，其主要原因在于：糯米主要成分中的支链淀粉为树枝型分支结构的多糖大分子，黏性很强，其空间形态交错有序，形成吸引力很大的空间网格，可限制氢氧化钙与二氧化碳的反应，对碳酸钙方解石结晶体（灰土中的石灰）的大小和形貌也有调控作用，因而有利于结晶体变得致密。可以说，有了糯米加入，灰浆们拥抱得更紧密了！

20世纪末，在维修故宫古建筑工程中，人们发现了几处元、明时期遗留下来的旧房基础，基础中不仅含有石灰，而且还有白色米粒，且白色米粒见风变硬，表面泛有一层白霜，抗压强度犹如现行标准砖。尽

故宫慈宁花园临溪亭

管没有证据证明白色米粒即为糯米，但可以肯定的是，古人早已利用稻米类植物的黏性来加固地基。科研人员在通过对故宫内慈宁花园临溪亭、长春宫怡情书史、养心殿燕喜堂的建筑灰浆进行取样分析后发现，这三处古建筑都有糯米成分，说明故宫建筑工程中也运用了糯米材料。

防腐防渗的“小能手”——桐油

桐油是一种植物蛋白胶，一般通过 3 ~ 4 年树龄的桐树籽冷榨得来，外观呈浅棕黄色。**桐油主要成分为脂肪酸甘油三酯混合物，桐油分子结构式中含有 3 个长分子链，每个分子链上均有 3 个共轭双键，使得桐油具有很强的反应活性、干燥性能及聚合性能。**当桐油覆盖在物体表面时，其很容易吸收空气中的氧气而产生表面膜，从而使得覆盖物得到保护。不仅如此，桐油还是一种有毒性的植物油，渗入木材内部后，能阻止菌虫生长繁殖，从而起到防腐作用。

桐树果壳会在成熟后炸开

直接由桐树籽冷榨的桐油可称为生桐油。生桐油油质透明，略带黄色，耐候性好，不易老化，干燥慢，古时便有工匠利用生桐油来对木材表面进行防腐、防渗以及防潮处理的做法。明代科学家徐光启所著《农政全书》中指出，在木材内部注入生桐油，可达到防腐效果。《天工开物》中记载，“凡船板合隙缝，以白麻斫絮为筋，钝凿扱入，然后筛过细石灰，和桐油舂杵成团调艌”，即古代工匠在造船时，为防止板缝漏水，首先用麻料塞入船缝，再用石灰与生桐油的混合物抹实，以达到防渗水的效果。故宫地基施工工程中，重要宫殿建筑的基础防潮处理方式为：采用生石灰、黄土、碎砖及生桐油的混合物夯实土层。夯实后的土层便可以经久保持干燥，从而达到防潮效果。此外，因为故宫地下水比较丰富，古代工匠在有地下水的位置夯打土层时，会在土层下使用木桩。从已经发现的几处地下木桩层来看，历经百年，木桩表面虽然很潮湿，但并无糟朽现象，可见生桐油在建筑表面上的防腐、防渗水“威力”有多显著。

故宫木桩地基表面很潮湿，但并无糟朽现象

生桐油的混合物也各具特点，在古建筑的施工中各显神通，得到了广泛应用。

生桐油与土籽灰、樟丹混合熬制可形成灰油。灰油容易起皮，表面无光泽，不能作为面层涂料；但灰油具有干燥快、防潮好、防水性强等特点，因而可起到胶结砖灰的作用。生桐油如果和苏籽油、土籽混合熬制可形成光油。光油不仅具有较高的强度、韧性、耐水和耐磨性能，而且表面光亮，因而用于罩面油。故宫古建筑内用金砖铺墁的地面，有一道能充分发挥生桐油、灰油和光油材料特性的工序，那便是大名鼎鼎的“使灰钻油”。“使灰钻油”工序规定：在铺墁完的金砖面层上分三次浇筑生桐油，第一次是在干透的地面上刷 1 ~ 2 遍生桐油，第二次用麻丝搓 1 ~ 2 遍灰油，第三次再刷 1 ~ 2 遍光油。经过这一系列的工艺，浇筑生桐油的金砖地面变得坚固密实，历经数百年光亮如新。需要说明的是，此处的“金砖”并非金子做的砖，而是明清时期由苏州陆慕御窑所造，专供皇宫重要宫殿地面铺墁的砖，由于其烧造工艺复杂，造价极为昂贵，因而被称为“金砖”。

苏州御窑金砖博物馆展示的金砖
（图片来源 / 苏州御窑金砖博物馆）

古建筑中的一味“猛药”——白矾

白矾别名明矾、矾石，是我国传统中药药材之一，主要成分为十二水合硫酸铝钾 $KAl(SO_4)_2 \cdot 12H_2O$。其内服有止血止泻、祛除风痰的功效，外敷则有解毒杀菌、燥湿止痒的功效。白矾的使用价值不止于此，我国古建筑基础、瓦石、彩画等工程中也都巧妙地使用了白矾，增强了古建筑本身的“抵抗力”。

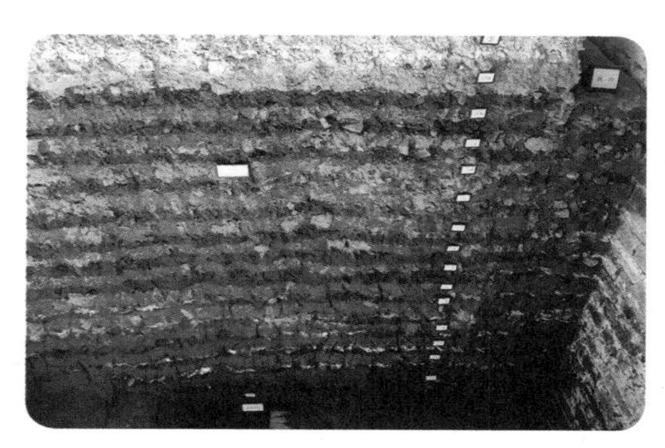

故宫古建筑地基分层清晰可见

故宫古建筑在600多年里历经了数次地震而保持完好，稳固的建筑基础功不可没。故宫建立在元代皇宫遗址上，其基础做法特征为：元代皇宫原有地基被全部挖去，取而代之的是重新由人工进行回填基

础，即一层三七灰土（生石灰与黄土的质量比为3：7）、一层碎砖，反复交替。其中，灰土层主要便是由灰土、糯米和白矾组成，其中一道重要的工序便是将煮好的糯米汁掺上水和白矾以后，泼洒在打好的灰土上。现代科学研究表明：明矾掺入灰土后，会形成钙矾石，其固相体积膨胀对糯米灰浆的干燥收缩起了一定补偿作用，因而有利于提高灰土的抗压强度、耐水性能和耐冻融性能。

而在另一处世界文化遗产——颐和园中，有一座著名的十七孔桥。它堪称我国园林中最大的桥梁，而其铺墁所用灰浆多含有白矾。掺入白矾的灰浆材料不仅使石材与基层牢固结合，还具有防水效果。另外，在石材工程的加固修缮中，部分松动的石材在采用铁件拉接时，一般需要用白矾水灌入石材与铁件之间的缝隙中，当水分挥发后，白矾变成硬质结晶体，就可以将铁件固定在石材中。

介绍完了地基以及石材工程，接下来就让我们把目光转移到建筑内部，也就是建筑中的彩画上。彩画除了有装饰作用外，还能够保护木制构件，使之免受空气中的化学成分侵蚀或虫蛀。北京天坛皇穹宇

颐和园十七孔桥

天坛皇穹宇内的彩画

内的彩画在绘制过程中，一般会用到胶矾水，这种胶矾水是由白矾、水胶（由动物骨骼熬制成的胶）按一定比例混合，再掺入适当清水搅拌而成。彩画的地仗层（用灰油、白面、石灰水、血料、砖灰、线麻、夏布等材料组成的彩画基层）做好后，在其表面刷一层较稀的胶矾水，可以使地仗层的底色与染色互不混淆吸附，有利于彩画纹饰清晰地粘印在地仗层表面。胶矾水还可以起到阻隔地仗层的油气返出、防止地仗层中的砖灰返碱并与彩画颜料发生化学反应等作用，以保证彩画颜色的干净和鲜艳。

我国古建筑的施工中采用了糯米、桐油、白矾等多种“添加剂”，它们与灰土、砂浆等材料产生了物理和化学反应，成为木材、砖石等构件表面的防护层，使得古建筑的坚固性和耐久性得以提高。这不仅有利于古建筑本身的稳固长久，而且还体现了古代工匠卓越的建筑智慧。

闻香识化学

撰文 / 范　刚

学科知识：

发酵　无机物　有机物　pH 值

为什么生面团烤熟后会变得焦香四溢？为什么豆腐发酵后会变成臭豆腐？为什么榴梿闻起来臭，吃起来香？为什么切洋葱的人一不小心就会被刺激得流泪？为什么抹香鲸的排泄物如此名贵？……答案没准会让你大吃一惊！

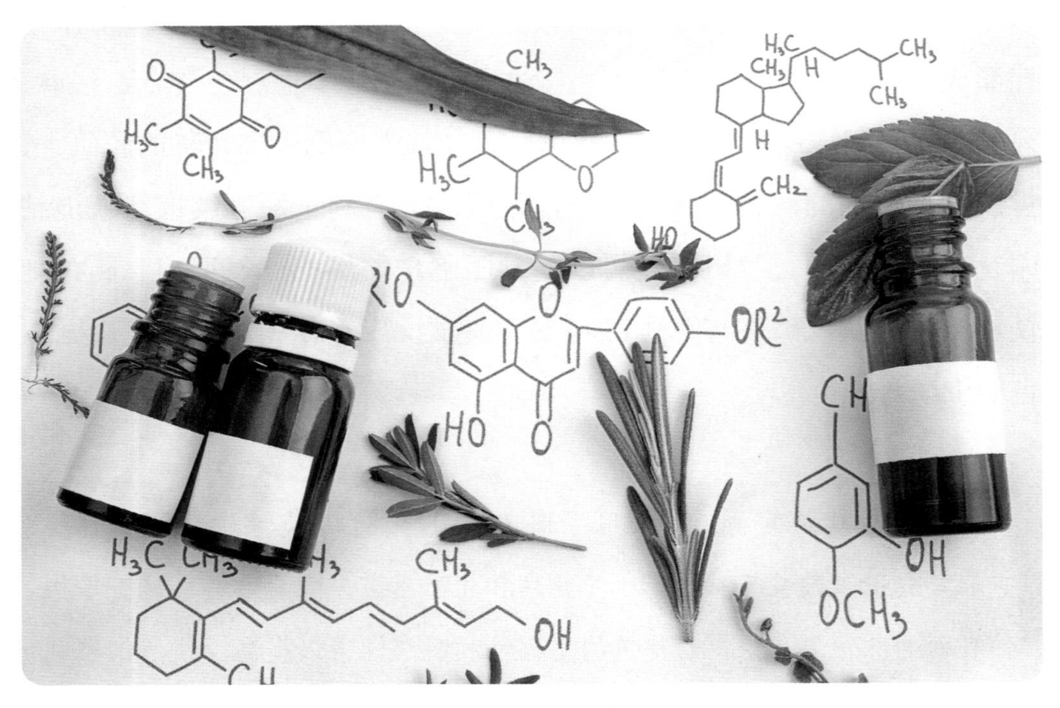

香气与化学成分有关

是什么在“吸引”你的鼻子

香气是食物中重要的感官特性之一，良好的香气品质能够使人产生愉快的情绪，食品的香气可以通过条件反射刺激人体的消化系统，促进唾液和胃液的分泌，产生食欲。香气是我们通过鼻子闻到的，因此，我们可以说香气物质（气味物质）都具有挥发性。其分子飘散在空气中，进入我们鼻子中后刺激嗅觉细胞才能被感受到。每种食物都有其独有的特征风味，这种特征风味通常不是由一种或几种物质构成的，而是由数十种甚至上百种挥发性物质按照一定的比例构成的，如调制咖啡中的香气物质就有数百种，其成分十分复杂。因此，我们想要把闻到的某种气味，通过人工调制的方式复制出来，是相当不容易的事。

咖啡中的香气物质多达数百种

别看食物中的香气物质种类繁多，其含量却非常低。大多数香气物质稳定性差，容易受到外界环境因素的影响而发生化学变化。另外，食物中的香气物质也容易受浓度的影响，香气物质的浓度不一样，其呈现出来的气味也不一样，如2-戊基呋喃在浓度较大时呈现出甘草味，而稀释后则具有豆腥味。

构成食物气味的物质种类繁多，既有无机物，也有有机物。一般来说，只有二氧化硫（SO_2）、二氧化氮（NO_2）、氨气（NH_3）、硫化氢（H_2S）等少数无机物有气味，大多数无机物无气味。而具有挥发性的有机物则大多有气味，**食品中的气味物质大都是有机物，主要包括脂肪烃含氧衍生物（醇、醛、酮、羧酸、酯等）、芳香族化合物、含氮有机化合物、含硫有机化合物等**。这些物质具体呈现出什么样的气味是由其分子结构决定的，如低级饱和脂肪醛（甲醛），具有强烈的刺激性气味，随着其分子量增加，刺激性气味减弱，并逐步出现令人愉快的气味；碳数在 8 ~ 12 间的饱和醛在很低浓度下也有良好香气，如壬醛具有玫瑰香和杏仁香、癸醛具有柑橘香、十二醛则呈现脂肪香气或花香，随着碳数增多，饱和醛的气味逐渐减弱。

食物中的挥发性物质虽然种类繁多、构成复杂，但并不是每种挥发性物质都对食物的整体香气有贡献，对食物整体香气具有贡献的香气物质叫作香气活性物质。有些香气物质的含量虽然很高，但是对整体香气的贡献却不大，相反，有些含量非常小的香气物质对食物的整体香气贡献很大，其含量甚至用现代分析技术都很难准确测定。

另类“香气”

除了增加食欲，香味也能帮助人们辨别食物的新鲜程度。不新鲜的或腐烂的食物香味会减弱、会变味甚至出现臭味，以提示人们食物已经变质。**食物的“臭气”通常是由于食物中香气物质的不稳定性或某些大分子物质的降解，或是由于微生物的生长繁殖造成的**，比如橘子汁经过高温加热后，就会出现“蒸煮味”，原因之一是由于其中的含硫氨基酸降解产生了含硫类气味物质；豆奶之所以在生产过程中容易产生“豆腥味”，是因为其中的亚油酸、亚麻酸等多种不饱和脂肪酸被脂肪氧化酶氧化生成了小分子醇、醛、酮、酸和胺等挥发性化合物；肉类变质后之所以会出现“腥臭味”，是因为蛋白质降解产生了甲胺、尸胺和粪臭素等挥发性物质。食物常常用“气味”做语言向人们传递信息：“注意！我已经变质了，请不要吃我！”

食物中的香气成分复杂

当然，并不是所有的臭味都是不受欢迎的，有些具有臭味的食物也常出现在人们的餐桌之上，比如我国的传统美食臭豆腐和皮蛋。臭豆腐的臭味主要来源于蛋白质降解产生的硫化氢、吲哚等物质；皮蛋的轻微臭味也是来源于蛋白质的降解产物——硫化氢和氨气；被誉为“水果之王”的榴梿，其臭味来源于硫化合物的挥发物；比臭豆腐更加恶臭的瑞典鲱鱼罐头，其臭味来源于发酵过程中产生的乙酸、丙酸、丁酸、硫化氢等挥发性物质，正是由于这种食品奇臭无比，以至于很多瑞典本地人食用时也需要使用鼻夹将鼻子夹起来。这些气味独特的食物，虽然让很多人望而却步，却常常让美食家们欲罢不能。你想不想尝一尝？

闻着臭，吃着香

闻起来臭的腌制鲱鱼

厨房里的化学魔法

我们都知道未经焙烤的面团是没有香气的，而生肉则具有不太好闻的肉腥味，但是面团高温焙烤成面包后就具有十分诱人的香气，而生肉经过炖煮或烤制也会散发出浓郁的肉香味。

食物在加工和烹饪过程中发生的这种美妙变化要归因于几个神奇的化学及生物反应。

美拉德反应对肉的颜色、香气影响很大

第一个就是美拉德反应。这是由羰基化合物（还原糖类）和氨基化合物（胺、氨基酸、肽和蛋白质）在一定温度下发生的层层叠叠的反应，生成各种风味物质，并发生褐变反应，最终呈现为一道道色香味俱全的美食。它是食品色泽和香味产生的主要原因之一，如刚出炉的面包、现烤的牛排、现磨的咖啡、刚出锅的炒花生等。美拉德反应是一个十分复杂的反应过程，生成的产物也十分复杂，其生成的产物会受到诸如温度、pH 值、底物、水分活度等条件的影响，因此到目前为止人们仍然没有弄清楚美拉德反应的过程及其生成的产物。难怪我们按照烹饪大师的菜谱一步步操作，做出的菜却和大厨的作品相比，仍有差距。食材、配料、火候……稍有不同，结果就会不同。

第二个是酶促反应。很多动植物在生长过程中产生的香气前体物质本身没有气味，但是其能在酶类物质的作用下通过各种生物、化学途径生成有气味的挥发性物质。比如水果在未成熟时会形成较多的脂肪酸，而成熟时在酶的作用下生成醇类、醛类及酯类香气物质。因此，很多水果在未成熟之前味道酸涩，熟透了才变得又香又甜。有些蔬菜中的香气物质是在其细胞被破坏后通过酶促反应产生的，如洋葱，在其细胞被破坏之前，我们闻不到明显的气味，但是把它切开之后，我

们就可以感受到非常明显的刺激性气味，甚至会让人流泪。原因就是洋葱细胞被破坏后，在蒜氨酸酶的作用下几秒内就产生了含硫挥发性物质，这类物质可以刺激人的眼部角膜，从而导致流泪。原来，这就是洋葱催泪的原因呀！

酶促反应使切开的洋葱产生刺激性气味

第三个是热降解反应。食品在加热处理过程中，其很多组分都会发生一定程度的降解，产生非常丰富的风味化合物。如食品中的脂肪酸在高温加热下可以降解生成挥发性的醛、酮、酸等香气物质。又如咖啡经过高温烘焙，产生层次丰富的香气。

第四个是发酵作用。很多食品的香气是通过发酵作用产生的，如酒类、泡菜、酱油、食醋、豆豉等。

在日常生活中，人们根据食品中香气物质的形成途径，采用适当的手段，如加热、烹煮、贮藏、焙烤、发酵等方式赋予或增强食品香气，而在食品加工产业，有的时候会通过添加食品用香精、香料的方式来增强食品的香气。

发酵赋予泡菜等食品特别的香气

一身芳香

除了喜欢香喷喷的食物，我们还希望自己也能一身芳香。为了满足这一需要，从古至今，人们研制出各式各样的香料、香水。现代香水的主要原料是香精和酒精，此外还会根据需要加入适量的色素、抗氧化剂、杀菌剂、甘油和表面活性剂等。香水中香精的占比一般为15% ~ 25%。香精赋予了香水香气的成分，其香气组成十分复杂。香精是由各种天然香料或人工合成香料按照一定比例配制而成的。天然香料分为植物香料和动物香料。顾名思义，植物香料是以芳香植物的花、枝、叶、根、皮、茎、籽或果实等为原料

植物中提取的精油被用于制作香水

提取而成的，存在的形式有精油、酊剂、浸膏、净油、香树脂、油树脂、香脂等。天然植物香料的种类很多，常见的有柑橘类精油、玫瑰花精油、薰衣草精油、迷迭香精油、茉莉花精油等。植物中的香气物质种类主要有酸、醇、醛、酮、酯、萜烯类化合物，以及含氮、含硫化合物等。

动物香料是从动物的分泌物或排泄物中提取的，目前世界上最常见的四种动物香料分别是麝香、灵猫香、海狸香、龙涎香。不同于植物香料生产中丰富的原料来源，动物香料的原料来源十分稀缺，因此价格十分昂贵。尤其是龙涎香，它是抹香鲸肠道中一种分泌物的干燥品。在遇到刺激性异物（如鱿鱼、章鱼的喙骨）后，抹香鲸肠道中的油脂和分泌物会将异物包裹，经过生物酸的侵蚀和微生物把其他有机物分解，随消化系统或经呕吐排出体外，然后在海水中经过漫长的氧化过程，并遇到海洋中的盐碱而自然皂化，形成了干燥的固体香料。动物香料的来源是否超出了你的想象？

抹香鲸

知识链接

源于海洋的香气

龙涎香贵比黄金，常用作高档香水的定香剂，它能使香水的香气更加稳定、柔和，且留香持久，深受人们的喜爱。龙涎香的主要成分是龙涎香醇，其本身不具备香气，但暴露在空气中经过氧化降解后，会产生一些具有香味的物质，如具有动物粪臭味的（−）−α−降龙涎香醇、具有烟草味的（+）−γ−二氢紫罗兰酮、具有海水味的（+）−γ−降龙涎香醛、具有臭海水味的γ−环高香叶氯代物，以及传说中具有“丝绒般柔感的持久龙涎香气”的降龙涎醚。

龙涎香

只此青绿，含铜次生矿物的花花世界

文图／董　伟

学科知识：

铜元素　晶体　氧化　化学式

在 2022 年中央广播电视总台春节联欢晚会中，一曲与传世名画《千里江山图》梦幻联动的舞蹈诗剧《只此青绿》给人们留下了深刻的印象，也尽显中华传统文化的魅力。而画中暗藏的矿物玄机，你知道多少呢？

画中“青绿”

层峦起伏的群山、烟波浩渺的江河，北宋画家王希孟用细腻动人的笔触在《千里江山图》中描绘的这些景象，历经近千年岁月，仍保留着清晰艳丽的色彩。能够实现这一点，不仅归功于王希孟高超的绘画技巧，也得益于其绘画时所使用的矿物颜料的稳定性质。

《千里江山图》局部图

《千里江山图》所用颜料为石绿、石青。古代所称石绿即孔雀石，石青即蓝铜矿，这些皆是常见的含铜次生矿物。蓝色和绿色源于矿物成分当中的铜元素。

孔雀石——常见的美丽

孔雀石，化学成分为碱式碳酸铜 $Cu_2(CO_3)(OH)_2$，是一种自色（即矿物本身固有的颜色）矿物，也是非常常见的含铜次生矿物，作为天然矿物颜料，有悠久的应用历史。孔雀石的颜色呈深浅不同的绿色——由浅绿色至墨绿色。

孔雀石集合体剖面的同心环带结构

少见的纤维状孔雀石，由长约 2 ~ 5 毫米的纤维状孔雀石组成的松散的放射状集合体，这些纤维非常脆，不具弹性，容易折断（产地：赞比亚共和国）

孔雀石是单斜晶系矿物，单晶体孔雀石非常罕见，通常都很细小，偶尔可见纤维状或短柱状的晶体。大部分孔雀石以肾状、葡萄状、皮壳状、放射状集合体的外观出现，并且在集合体的剖面上展现出由深浅不一的绿色组成的颜色环带。

孔雀石与生活中的铜锈成分相同。一些老铜器，如铜钱、器皿等，在潮湿的环境下保存或埋藏，铜与水、二氧化碳反应，最终形成碱式碳酸铜，我们在博物馆常见到泛出绿锈的铜器。不过，在自然界中像这样由自然铜转变形成的孔雀石只占极小的比例。大部分孔雀石，特别是大块的集合体孔雀石，都是流动性好的含铜溶液在氧化环境下与碳酸盐矿物和水反应形成的产物。

葡萄状的孔雀石集合体（产地：刚果民主共和国）

孔雀石形成于铜矿的氧化带中，往往与大规模的铜矿比邻而生，常与蓝铜矿、赤铜矿、自然铜、硅孔雀石、褐铁矿等矿物共生。孔雀石颜色鲜艳，花纹精美，分布广泛，矿体埋藏浅，容易开采，硬度不高容易加工，因此它虽为铜矿石，但更多地被作为工艺美术材料开采使用，在珠宝和艺术的领域展现自身的华美。

石青——蓝铜矿

蓝铜矿成分的化学式是 $Cu_3(CO_3)_2(OH)_2$，属于单斜晶系，单晶形态常呈短柱状或厚板状，有时形成簇状或放射状的晶簇，集合体以土状、皮壳状为主。蓝铜矿颜色为深蓝色，艳丽且稳定。蓝铜矿研磨成的粉末可作为蓝色的矿物颜料。蓝铜矿也是一种常见的含铜次生矿物，形成于铜矿的氧化带中，常与孔雀石共生或伴生。蓝铜矿的形成时期一般稍晚于孔雀石。在自然分布上，蓝铜矿不及孔雀石广泛。

花簇状蓝铜矿晶簇，巨大的晶体尺寸让这种标本在世界上享有盛名，展现出深邃的蓝色（产地：中国广东省阳春市）

刃片状蓝铜矿晶体丛生于孔雀石上，相互之间的位置关系证明蓝铜矿形成于孔雀石之后（产地：老挝人民民主共和国）

蓝铜矿晶簇伴生孔雀石赤铜矿，良好的晶面亮度和靓丽的颜色让这块标本成为“颜值担当”（产地：老挝人民民主共和国）

孔雀石的“姐妹”——硅孔雀石

硅孔雀石虽然名字和孔雀石接近，但硅孔雀石不是孔雀石，它是独立的矿物种，是含水的铜铝硅酸盐矿物，常见颜色包括蓝色、蓝绿色、深蓝色等。硅孔雀石是斜方晶系矿物，但基本见不到肉眼可辨的硅孔雀石晶体，它通常都是以葡萄状集合体、皮壳状集合体或者其他矿物晶体假象的形式产出，集合体表面常表现为蜡状光泽或土状光泽。

硅孔雀石性脆，容易破碎。若要雕刻打磨，必须先进行充填处理，这样可最大程度避免它在加工过程中破碎。由于颜色鲜亮明快，现在也将硅孔雀石破碎或研磨以作为绘画填色材料使用。

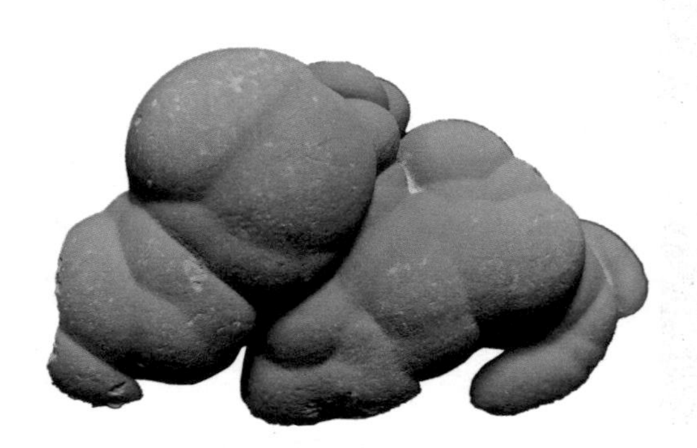

硅孔雀石集合体（产地：刚果民主共和国）

孔雀石集合体中的蓝色硅孔雀石环带

含铜矿物中的“祖母绿”——透视石

透视石是一种稀少的含铜次生矿物，化学式为 $CuSiO_3 \cdot H_2O$，属于三方晶系，环状结构硅酸盐矿物。单晶体形态多为短柱状，集合体多为块状。透视石有如同祖母绿般的翠绿色或带有轻微蓝色调的绿色，因此也被称为“翠铜矿”。透视石晶体尺寸较小，普遍小于1厘米，硬度比孔雀石、蓝铜矿稍高，不过同样性脆，并且发育菱面体完全解理（结晶矿物受力后，由于其自身结构的原因造成晶体沿一定结晶方向裂开并成为光滑平面的性质），受外力作用时易破碎。

短柱状的透视石晶体标本，透过晶面能清晰地看到内部反光的菱面体解理面（产地：纳米比亚共和国）

透视石也形成于铜矿氧化带中，常与方解石、孔雀石共生。透视石在我国属于稀少矿物。在世界范围内它主要分布在非洲中南部、南美洲以及中亚。

“毛茸茸”的矿物——绒铜矿

绒铜矿是含铜、铝的硫酸盐矿物，化学式为 $Cu_4Al_2(SO_4)(OH)_{12}\cdot 2H_2O$。由于铜离子致色而表现出深浅不同的蓝色。它属于单斜晶系，但外观常是由纤维状晶体组成的放射状“小毛球”，或平铺的毛毡般纤维集合体。

天蓝色的绒铜矿“小毛球”（产地：中国贵州省晴隆县）

绒铜矿由于美观又稀少，主要用于矿物标本收藏和展示。绒铜矿异常娇贵，在存放其标本时，要特别注意不可落灰、不可湿水、不可挤压的“三不原则”。将其放在隔绝灰尘的亚克力盒子中，时不时看一眼，才是对这种矿物最大的尊重。

绒铜矿形成于铜矿氧化带的岩石缝隙之中，由于其本身娇弱的特性，标本开采与运输极难。幸运的是，绒铜矿优质标本的产地之一，正是我国贵州省黔西南布依族苗族自治州的晴隆县。这些国产的绒铜矿标本是我国矿物收藏家引以为傲的“蓝色精灵”。

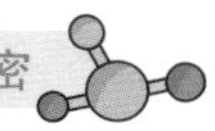

岩石缝隙中完整保存的超长纤维绒铜矿“大毛球”（产地：中国贵州省晴隆县）

点缀围岩的“小星星”——磷锌铜矿

磷锌铜矿是同时含铜、锌的稀少次生磷酸盐矿物，形成于铜锌矿床氧化带。它属于单斜晶系，单晶体形态为短斜方柱状或假八面体形态，集合体形态为细粒状或簇状。磷锌铜矿呈深蓝色或带有绿色调的蓝色，透明至半透明，有玻璃光泽。它常与异极矿或石英伴生。

尽管磷锌铜矿普遍晶体细小，但是特别美观，主要产地有我国云南省、美国蒙大拿州以及罗马尼亚、智利、日本等。

磷锌铜矿与石英伴生标本，鲜艳的蓝色磷锌铜矿点缀在水晶晶簇上（产地：中国云南省）

磷锌铜矿晶体与石英伴生，有玻璃般光泽（产地：中国云南省）

这些美丽又神奇的蓝色和绿色精灵，一面向我们展示自然造物之奇美，一面向我们讲述化学成分在矿物中施展的神奇魔法。希望它们可以化为一颗颗矿物学的种子，在青少年的心中萌芽、生长、结出硕果，正所谓“青出于蓝而胜于蓝”。

“暖宝宝”里的神秘化学

撰文/李瑞祥　　邵红能

学科知识：

氧化反应　铁　氯化钠　电子　催化作用

寒冷的冬天里，有一个可以随身取暖的物品，这想必是一件十分幸福的事情！寒风凛冽时你还是不敢出门吗？有了暖宝宝，妈妈也许不会担心你冬天在上学路上着凉了。暖宝宝的结构成分有哪些？它的发热原理到底是什么？让我们一起深入了解这个“宝宝”吧！

暖宝宝内部有不同材质层

暖宝宝为什么会发热？

在人教版《化学　选修4　化学反应原理》第四章“电化学基础”的第一节中介绍了原电池原理，就是我们生活中常见的暖宝宝的发热原理——利用原电池加快氧化反应速度，将化学能转变为热能。简单说来，暖宝宝里面主要用碳粉（活性炭）、铁粉、水和食盐（氯化钠），再加点添加剂组成一个原电池放电。由于没有正负极，电子无法分正负电子导出，从而产生热量（原电池原理）。

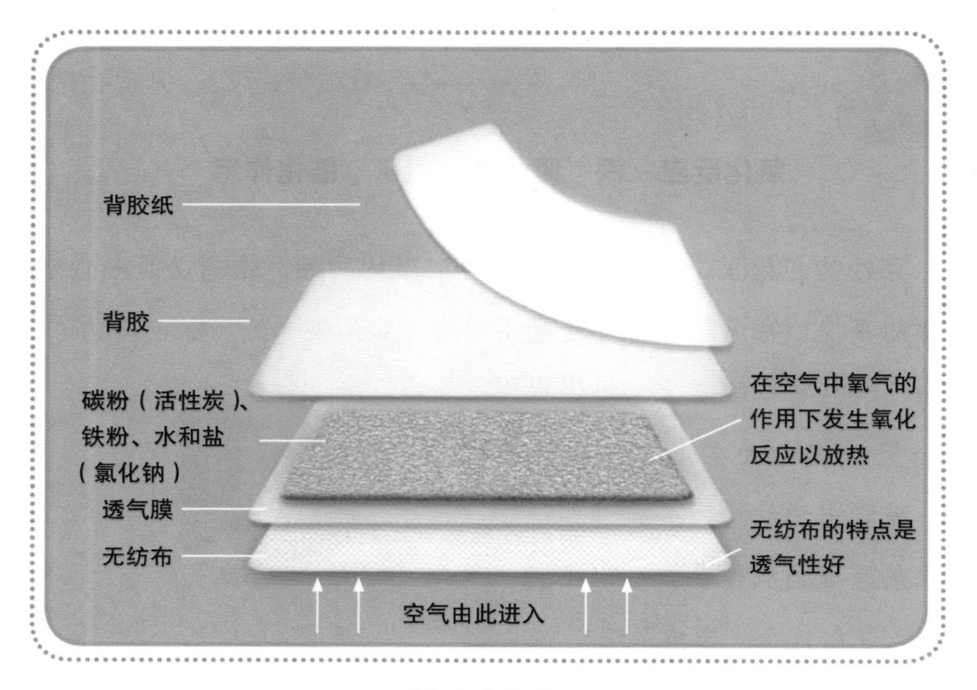

暖宝宝发热原理

暖宝宝利用铁氧化反应放热来发热。实际上，也就是根据铁在潮湿空气中发生吸氧腐蚀的原理。同时，利用活性炭的强吸附性，在活性炭的疏松结构中储有水蒸气，水蒸气液化成水滴流出，与空气和铁粉接触，在氯化钠的催化作用下较为迅速地发生反应，生成氢氧化铁，放出热量。铁在自然条件下的氧化反应速度是缓慢的，为了加快这种反应，可以选择加大铁的表面积，再使用水、盐和活性炭制成原电池来促进反应，这样就可以得到发热袋所需的温度，成为发热袋的热源。

因为暖宝宝发热时长是有限的，所以在使用前不能发生反应，如果要保持长期储存的稳定性，暖宝宝的“服装”材质就要很特别。暖宝宝由原料层、背胶层和无纺布袋组成。无纺布袋是采用微孔透气膜和无纺布一起制作的。它还得有一个常规不透气的“外套”——背胶层。在使用时，去掉“外套”，让内袋（无纺布袋）暴露在空气里，空气中的氧气通过透气膜进入里面。放热的时间和温度就是通过透气膜的透氧速率进行控制的：如果透氧太快，热量一下子就放掉了，而且还有可能烫伤皮肤；如果透氧太慢，热度就不够。

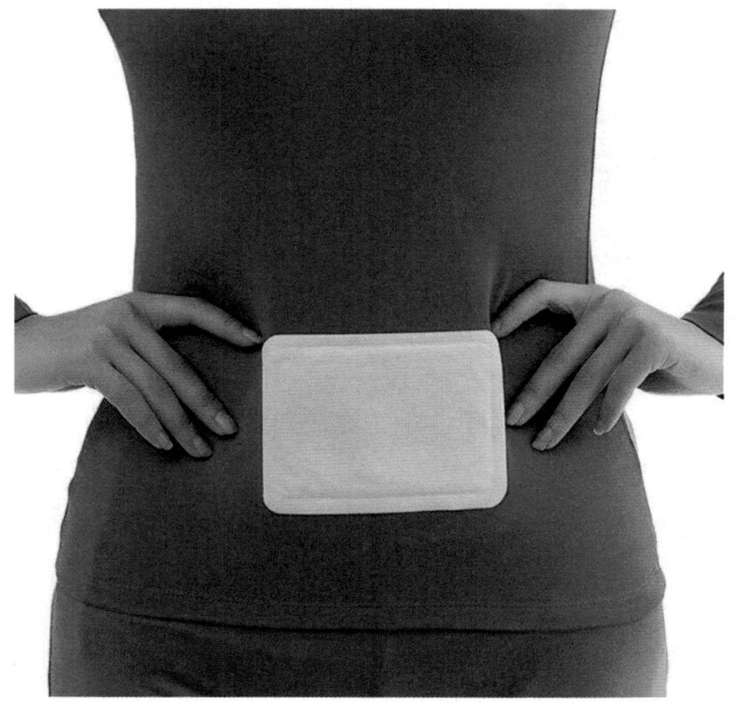

暖宝宝给身体提供热量

暖宝宝包装中的无纺布袋可以让氧气进入

取暖驱寒，合理使用

用暖宝宝加热鸡蛋

我们在使用暖宝宝时，一旦揭开那张贴纸（背胶层），空气就会透过气孔进入暖宝宝，铁粉以及其他原料在空气作用下迅速发生化学反应，产生热量。反应完了，热量也没了，所以暖宝宝中加了蛭石来保温，这样暖宝宝的温暖就可以持续数小时了。从暖宝宝的材料来看，只要按照科学的使用方法和正确的步骤使用，它本身应该是没有副作用的。但劣质产品可能会使用工业铁粉，它的放热效果不稳定，也不安全，所以大家最好挑选有安全保障的正规产品。

暖宝宝能给身体提供热量，敷在肩膀、腰、膝盖等地方，还能缓解关节受凉、老化。一般人用暖宝宝是不会有什么不良反应的，不过，糖尿病患者、小孩和老人要慎用暖宝宝。因为糖尿病患者会出现肢体末端感觉减退的情况，小孩和老人感觉也不灵敏，所以容易发生低温烫伤。被暖宝宝烫伤的患者以老年人居多，所以使用暖宝宝之前一定要仔细阅读使用方法和注意事项。

暖宝宝的最高发热温度可达 66℃，可持续 12 小时均匀放热，因此暖宝宝是严禁直接贴在皮肤上的，也不适合贴在较薄的衣服上，睡觉时也不宜使用。使用暖宝宝时最好每隔 1 小时检查一下皮肤，发现有红斑或其他不适，应立即停止使用。

卡通暖宝宝贴

明白了暖宝宝的原理之后我们可以发现，方便的产品背后并非隐藏着多么复杂的原理，有的时候一点简单的常识，只要应用得当，就能创造出更高的价值。

玉米的“变身”⊖

撰文 / 刘　琪

学科知识：

葡萄糖　发酵　聚合反应　手性化合物　降解

相信很多人都喜欢吃玉米，其实，不仅我们人类爱吃，很多动物也把它当作美食。但你知道吗？除了作为粮食和饲料，玉米还是重要的工业原料，常被用来加工成玉米淀粉、玉米胚芽油、无水乙醇等，具有极其丰富的用途。更为神奇的是，利用科学“魔法”，我们还可以把它变成塑料呢！

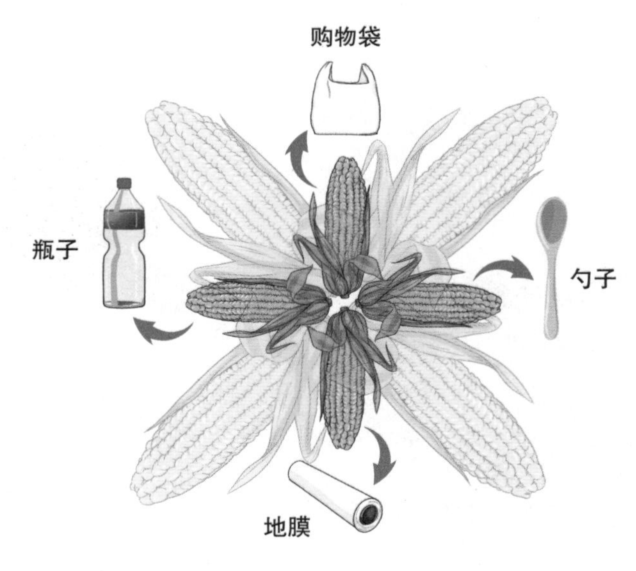

玉米会“变身”（绘图 / 张　玲）

⊖ 本文相关工作受到国家重点研发计划项目（2021YFD1700700）和国家自然科学基金项目资助。

无处不在的塑料污染正严重威胁地球的生态环境（概念图）

无处不在的塑料污染

生活中，我们会不可避免地使用塑料制品，它给我们带来诸多便利。但是，各种包装袋、购物袋、塑料餐具、饮料瓶、农用地膜、医疗用品等一次性的塑料制品，如果在使用后没有得到妥善回收和处置，就会对人类和动物的生存环境构成巨大的威胁。

如今，珠穆朗玛峰、马里亚纳海沟、南极海域等地，都发现了塑料垃圾的踪迹，无处不在的塑料污染正严重威胁地球的生态环境。

近年来，随着科学技术的进步、环境管理和人们环保意识的增强，许多国家和地区逐步推出“限塑令”，生物降解塑料的研究和应用也随之得到长足发展。

在众多生物降解塑料中，聚乳酸因具有良好的生物安全性、相容性，可以全生物降解，易于加工且价格适中，在过去近 20 年中成为研究和应用最广泛的生物降解塑料之一。这也给了玉米“大展拳脚”的机会。

玉米如何变成聚乳酸

科研人员是如何给玉米“施展魔法”，让玉米变成聚乳酸的呢？其实，聚乳酸是以玉米中提取的淀粉为最初原料，经过酶水解等途径得到葡萄糖，再加入乳酸菌发酵后变成乳酸，最后经过化学合成得到的。

聚乳酸是由单个的乳酸经过一系列化学过程聚合而成的，这个过程就像是成百上千的小朋友在较短时间内手拉手连起来一样。

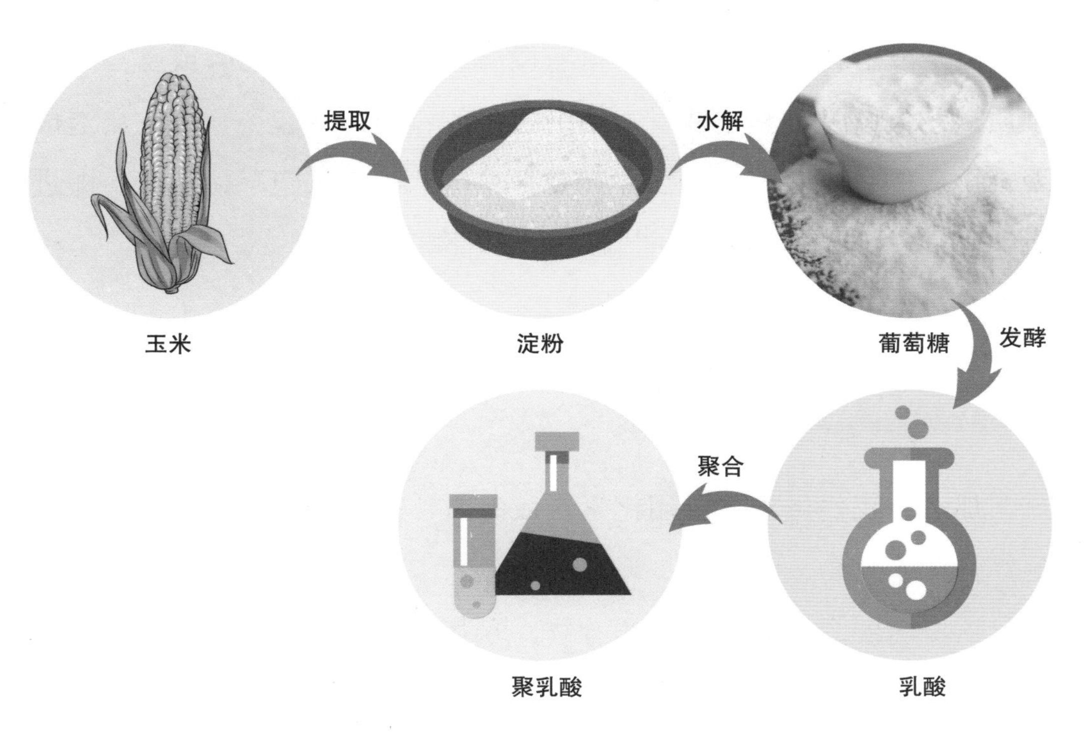

玉米变成聚乳酸的过程示意图

其实，用于合成聚乳酸的乳酸来源十分广泛，除了可以用从玉米中提取出的淀粉，还可以用从甘蔗、甜菜中提取的糖以及从甘蔗渣、甜菜粕和秸秆等中提取的纤维素为原料，经过发酵、脱水等过程获得。

多步骤化学过程

聚乳酸形成示意图

由于发酵得到的乳酸中常含有微量甲酸、乙酸、乙醇或富马酸等杂质，它们就像是紧抱双臂、拒绝拉手的“小淘气包”一样，会造成聚合反应的终止。因此，往往需要把这些“小淘气包”挑出来，即进行纯化，去除这些副产物，才能完成聚乳酸的生产。

化学合成聚乳酸困难重重

那么，我们可不可以用化学合成的方法获得乳酸，再生产聚乳酸呢？答案是很难。

这里需要介绍一下**手性化合物，它是指一对分子量、分子结构相同，但分子排列呈镜像对称的化合物，属于立体异构**。一对手性化合物就像是镜子内外的物品，亦如人的左右手，从大拇指到小拇指的次序相同，但左手是从左向右，右手则是从右向左，左右对称。乳酸是自然界中最小的手性分子，包括左旋型 L- 乳酸和右旋型 D- 乳酸。

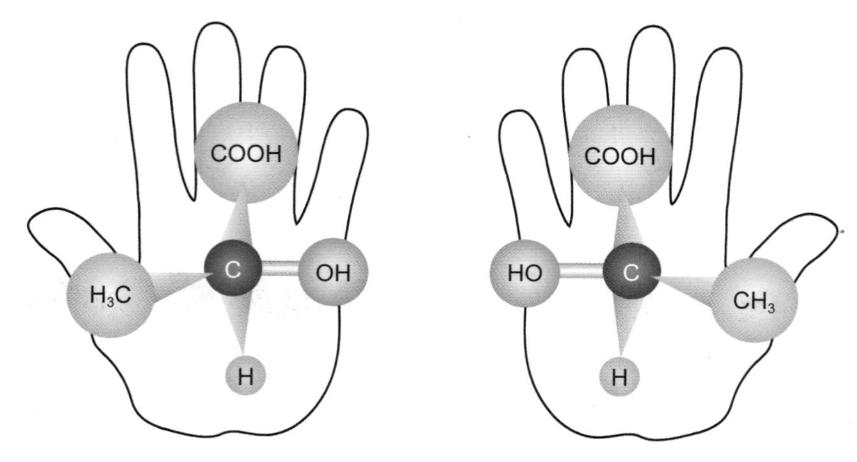

左旋型 L- 乳酸和右旋型 D- 乳酸示意图

若想得到聚乳酸，通常要求L-乳酸的占比要大于96%，即D-乳酸含量要小于4%。然而，化学合成的乳酸往往只能得到两者比例为1∶1的混合物，因此很难通过化学合成获得生产聚乳酸所需要的乳酸原料。由此，玉米等天然生物就成为获得高占比L-乳酸的主要原料来源。

玉米通过光合作用，利用太阳光能将二氧化碳和水合成淀粉，玉米淀粉经过前面我们提到的一系列过程变成聚乳酸，再经过塑料加工过程获得聚乳酸制品，在其使用后通过堆肥等过程最终变回二氧化碳和水。从土壤里来，最终又化为土壤，是不是很环保呢？

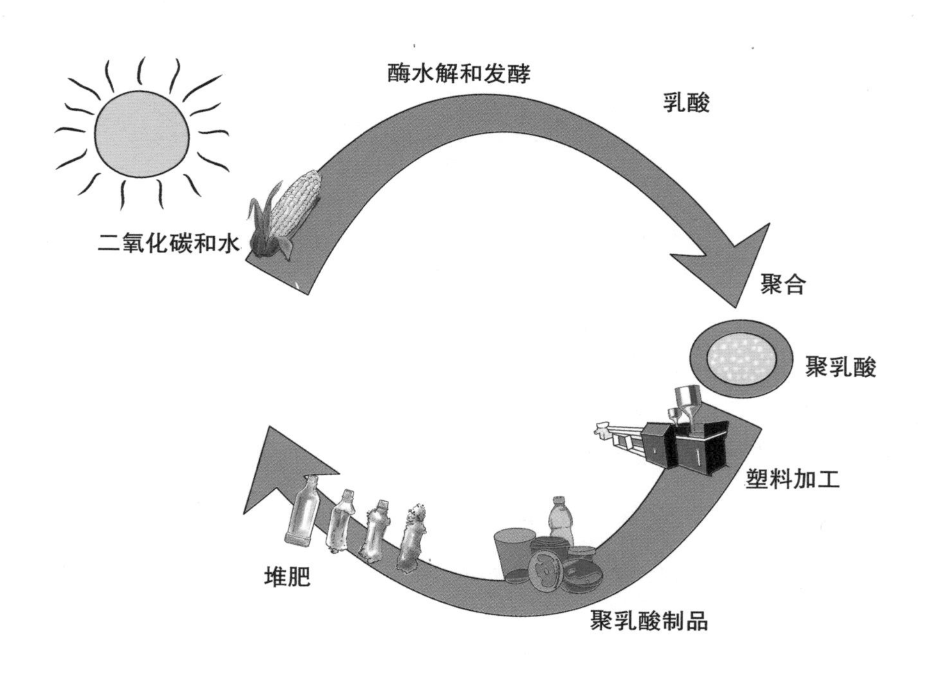

玉米“变身”为聚乳酸有助于碳达峰、碳中和（绘图/张　玲）

知识链接

聚乳酸那些你意想不到的用途

目前，聚乳酸常用于包装袋、购物袋、农用生物降解地膜、纺织纤维和一次性餐具等物品的生产。除了日常的一次性塑料制品，聚乳酸还有很多“高端”用途。在生物医学工程上，它可用作手术缝合线、骨钉和骨板等，这些材料可以缓慢水解为乳酸而被身体代谢掉，免去拆线和二次手术的麻烦与风险，真是患者的福音！此外，聚乳酸还可以用于生产形状记忆聚合物、3D 打印材料、汽车配件、电子产品、建筑材料、美容整形产品等。

聚乳酸产品废弃物处理方式有多种，包括堆肥、焚化处理等，也可以再生利用，还可以转化为丙交酯、丙氨酸进行高值化利用。

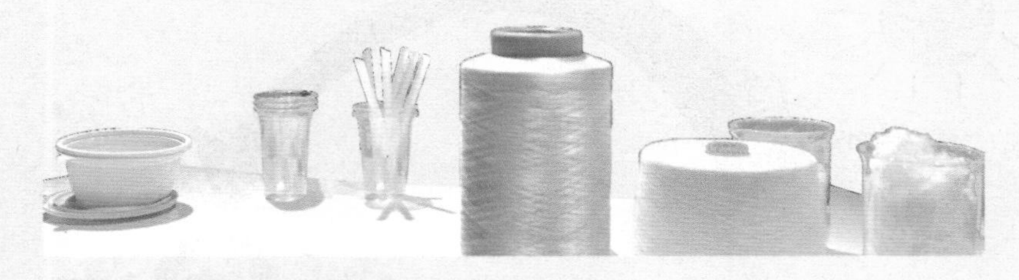

用可降解材料——聚乳酸生产的一次性餐饮具、家纺原料等产品

聚乳酸是有利于实现碳达峰、碳中和目标的环保材料。从全生命周期角度看，在当今全球变暖的大背景下，合理利用聚乳酸是减少资源消耗和温室气体排放的一种有效途径，也是符合我国“双碳”目标的一项举措！

PART 04

揭开化学物质的真面目

让水消失的“魔术师”——高吸水性树脂

撰文 / 郑素萍　邱　东

学科知识：

高分子材料　结晶　氢键　纤维素　酶

你看过这样的魔术吗？魔术师在杯子中倒入水，然后将杯底朝上，杯子里的水竟然不会流下来。这个小魔术叫作“消失的水”，那么这个让水消失的魔术原理究竟是什么呢？

惊奇！能吸比自身重千倍的水

魔术中杯子里的水到底去哪儿了呢？原来，杯子里隐藏着一种粉末，叫作高吸水性树脂（SAP），这是一种新型功能高分子材料，能吸收比自身重百倍甚至上千倍的水，当它吸水膨胀后发生凝固，成为一种水凝胶，锁水能力超强，因此水无法流出，即使是用力挤压也不会漏水。

纸巾、毛巾和海绵等都是日常生活中用来

魔术——消失的水

吸水的材料，它们最多能吸自身重量20倍左右的水，而且保水性不强，用力挤压就可以把水挤出。在高吸水性树脂面前，它们可就是小巫见大巫了。与纸张、棉花和海绵等材料类似，高吸水性树脂的吸水能力也主要通过羧基、羟基等亲水性基团与水分子间强烈的氢键作用来实现，不同的是后者可利用的亲水性基团含量大大高于前者，且分子链网格结构可高度溶胀，进一步将水分子束缚其中，从而获得了超强的吸水性能。

高吸水性树脂从何而来

高吸水性树脂和一颗土豆有什么关系？其实，土豆中富含的淀粉就可以是高吸水性树脂的来源。**淀粉一般不溶于水，但在水中经加热后，破坏了结晶区弱的氢键，结晶区消失，开始水合膨胀，黏度增加，这种现象称为糊化。**你见过厨房里的“勾芡”现象吗？本来锅中菜肴还有一些水分，撒入淀粉加热搅拌，那些水立刻变成了黏稠的糊状。

土豆淀粉可以用来制备高吸水性树脂

制备高吸水性树脂的淀粉主要采用玉米淀粉和小麦淀粉为原料，也可采用土豆、红薯和大米的淀粉为原料。科技总是在根据人类生活的需要不断发展，用淀粉制备高吸水树脂的方法不断得到改进，现在已经成为一种比较成熟便捷的技术。不单是淀粉，纤维素、壳聚糖等天然高分子都是制备高吸水性树脂的良好来源。

高吸水性树脂还有一个重要的来源是合成聚合物，如聚丙烯酸（PAA）、聚丙烯酰胺（PAM）和聚乙烯醇（PVA）等。**聚丙烯酸和聚丙烯酰胺高吸水性树脂是使用很广泛的保水剂，它们具有优异的吸水性和保水能力**。聚乙烯醇具有与聚丙烯酸相似的吸水性，还可以在细菌酶的帮助下降解，大大提高它的应用价值。

总体来说，纤维素、淀粉、壳聚糖等天然高吸水性树脂在降解性和生物相容性方面具有优势，可避免造成环境污染。但它们的提取和改性过程比较复杂，生产成本比一些合成聚合物高。合成高吸水性树脂通常比天然聚合物具有成本低、使用寿命长和吸水率高等优点，但降解难度大，容易造成环境污染。因此，科学家不断探索，试图将天然聚合物与合成聚合物的优点相结合，以获得更好的应用前景。

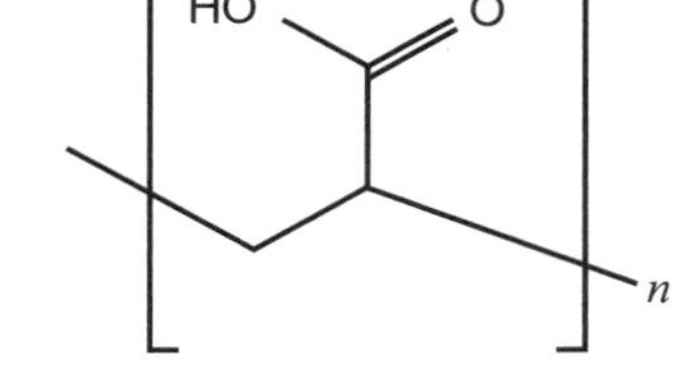

聚丙烯酸的分子结构

高吸水性树脂的其他妙用

基于独特的强吸水、高保水的特性，高吸水性树脂在很多领域都找到了用武之地。它在日常生活和卫生用品中，如婴儿一次性尿布、妇女卫生用品中最为常见，它还可以作为增稠剂添加到化妆品中。在食品工业中，尤其是食品保鲜上，高吸水性树脂可是大大优于聚烯烃薄膜的。在生鲜运输过程中，保鲜冰袋包装里面实际上也使用了高吸水性树脂。目前冰袋的内容物虽然无毒，对环境影响相对较小，但它们大量进入环境后，会破坏土壤和水体的微生态，从而影响其中的生态系统。现阶段，该材料与生活垃圾一起处置，但焚烧处理时需要考虑很多问题。

越来越多的生鲜产品在包装上应用了高吸水性树脂

此外，高吸水性树脂在农业上大有可为。水资源短缺和干旱导致土壤荒漠化和盐渍化对农业可持续发展和粮食安全构成威胁。因此，提高水的利用效率在农业中具有重要意义。由于具有超高的吸水和保水能力，高吸水性树脂可用于有效改善农业用水的利用率，保持土壤水分和减少灌溉用水量。

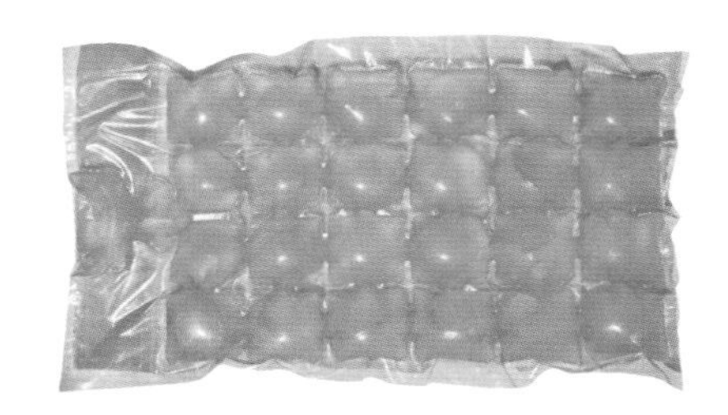

保鲜冰袋包装里也会用到高吸水性树脂

很多令人称奇的魔术背后都是科学原理的运用，我们容易被那些奇妙变幻的魔术迷住双眼，惊呼雀跃，这些快乐时刻背后是科学家们的探索与钻研。魔术告诉我们，生命可以充满惊奇和梦想，而科学告诉我们，梦想终会变成现实！

酸碱指示剂——“无字天书”的审判员

撰文 / 邢月明

学科知识：

酸碱指示剂　酸　碱　石蕊　酚酞

相信很多人都看过这样一个小魔术：魔术师在一张无字的白纸上比画了几下，纸上什么都看不出来，但是当魔术师在纸上喷洒神奇的药水后，纸上竟然出现了有颜色的字迹，就像武侠小说中的“无字天书”。现实中真的有“无字天书”吗，这究竟是什么原理呢？

魔术师在白纸上施展“魔法”

植物中的酸碱秘密

300多年前，英国年轻的科学家罗伯特·波义耳在化学实验中偶然发现，当少许酸沫飞溅到紫罗兰上时，紫色的花变红了，他认为可能是酸使其变了色。为进一步验证这一现象，他取了当时已知的几种酸的稀溶液，把紫罗兰花瓣分别放入这些稀溶液中，结果与猜测的结论完全相同。后来，他还采集了很多植物根茎制成了多种颜色的不同浸液，有些浸液遇酸变色，有些浸液遇碱变色。他从石蕊（地衣）中提取的紫色浸液，酸能使它变红色，碱能使它变蓝色，这就是最早的石蕊试液。波义耳把它称作指示剂（指示剂不止石蕊试液一种）。利用这一特点，波义耳用石蕊浸液把纸浸透，然后烤干，这就制成了石蕊试纸。

不简单的“小纸片”

我们看到的“无字天书”的魔术就是应用了酸碱指示剂的原理。酸碱指示剂在溶液中能部分电离成指示剂的离子和氢离子（或氢氧根离子），由于分子结构的改变而引起自身颜色的变化，因而在 pH 值不同的溶液中呈现不同的颜色。我们在实验室常用 pH 试纸来检测溶液的酸碱性。那么 pH 试纸是怎么制成的呢？

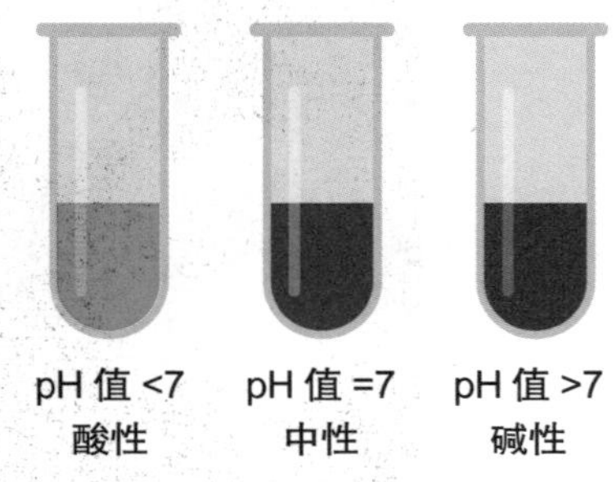

溶液酸碱性测试举例

实际上，pH 试纸不止有一种指示剂，而是由甲基红、溴甲酚绿、溴百里酚蓝这三种指示剂组成。甲基红、溴甲酚绿、百里酚蓝和酚酞一样，在不同 pH 值的溶液中均会按一定规律变色，用定量甲基红加定量溴甲酚绿再加定量百里酚蓝的混合指示剂浸渍中性白色试纸，晾干后制得的 pH 试纸可用于测定溶液的 pH 值。

我们也可以利用 pH 试纸检测生活中常见物质的酸碱性，如碳酸饮料 pH 值约为 3，为酸性。研究报告称，常喝碳酸饮料会令青少年齿质

腐损的概率增加，且会导致胃酸分泌过多，损伤胃黏膜，严重的会导致胃黏膜糜烂、溃疡。而生活中常用的肥皂，由于其主要成分是硬脂酸钠，显碱性。因而被蚊子叮咬后，在叮咬处涂抹一些肥皂，即可止痒。这是因为蚊子的唾液含有的有毒物质成分包括蚁酸，而肥皂的碱性可以与其中和。

实验室常用的广范 pH 试纸

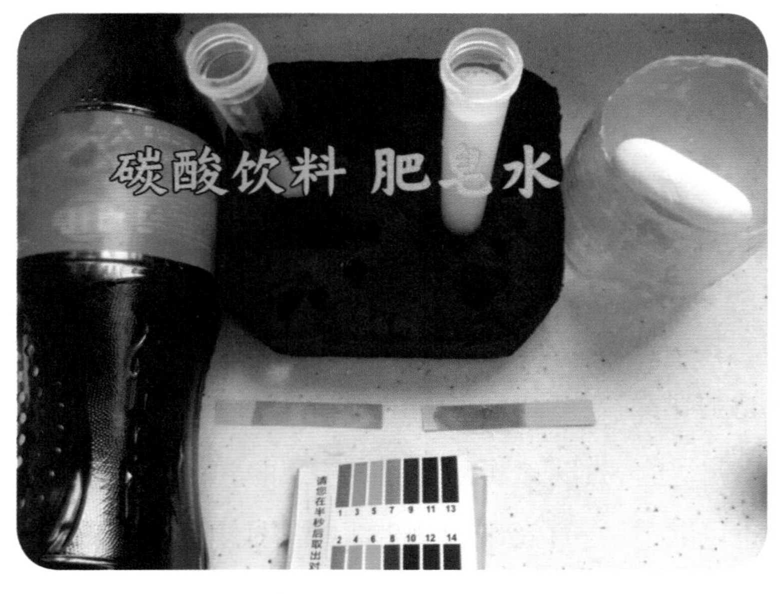

碳酸饮料和肥皂水的 pH 值检测用具

大显身手的“酸碱审判员”

近些年，一些食品的特殊包装兴起，这种包装可以用来监测食品的新鲜程度，如气体指示智能标签。由于食品中微生物代谢以及蛋白质和酶在消化作用中代谢产生的二氧化碳、二氧化硫及挥发性胺等气体，这种气体指示智能标签利用这些特征气体与特定试剂相遇而产生的特定颜色反应，引起指示剂发生明显的变化，从而帮助我们判断食品品质与新鲜程度。比较传统的指示剂如溴百里酚蓝、甲基红等安全性无法得到保证，因而会使用一些天然的 pH 指示剂，如花青素、姜黄素等，它们具有成本低、天然可再生、无毒、显色明显等特点。对于 pH 指示剂的载体材料也大多集中在天然高分子上，如壳聚糖、琼脂糖、淀粉、纤维素以及它们的复合材料，由于其良好的生物相容性和可生物降解性等，它们常被作为 pH 指示剂的载体材料。

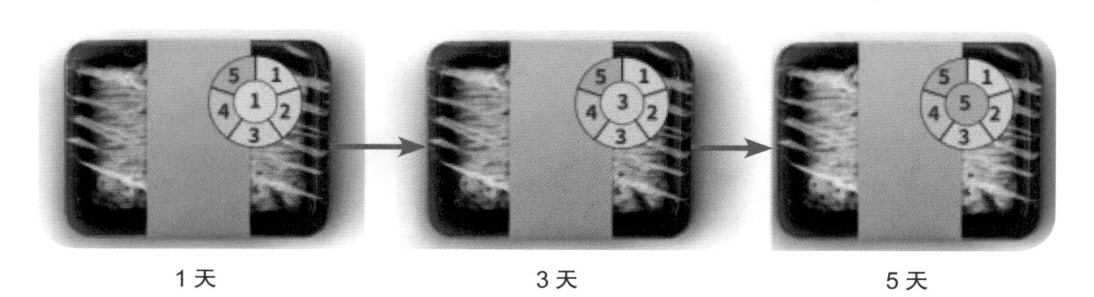

食品包装上可放置智能指示标签来监测食物品质，
pH 指示剂中心颜色会随着时间推移发生变化

不新鲜或腐烂变质的肉类会影响人体健康，其中主要物质——挥发性盐基氮（TVB-N），是水产品与肉类产品等动物性产品在自身酶以及外界微生物作用下，内部营养物质分解后产生大量的挥发性含氮化合物（如氨、二甲胺、三甲胺等）的总称。TVB-N 含量升高是肉产品腐败的标志，因此，TVB-N 含量已经被作为食品品质的常规检测指标，用于食品理化检测。**由于挥发性含氮化合物一般呈碱性，对 pH 值影响较大，因此也可选择采用 pH 指示剂来检测食品中的挥发性含氮化合物。**

科学史上很多的发明都是从微不足道的小现象中得来，这离不开科学家细致入微的观察与研究。随着科学技术的发展，那些看似简单的原理被应用在越来越多的领域，为社会和人类的文明的发展开辟出更为广阔的空间。生活中的你，也要做个细心的人，说不定会有新发现呢！

揭秘魔术中的化学道具

撰文/黄　奔　　绘图/飞　飞

学科知识：

氧化还原反应　铁离子　金属　合金　元素周期表

你爱看魔术表演吗？“点水成冰”“凭空消失的**”……相信大部分的朋友都曾被神奇的魔术表演吸引过。魔术总是以不可思议的现象引人入胜，魔术的种类有很多。化学类魔术主要利用了物质奇异的化学性质、化学反应中产生的各种有趣现象，达到不可思议、以假乱真的视觉效果，往往给观众以奇妙的体验和震撼的视觉冲击力。下边我们就以几个新奇有趣的化学魔术场景为例，揭示这些神奇魔术背后的化学原理。

神奇的茶水还原术

魔术师泡了一杯清茶，滤出茶叶，随即喝下几口，这是一杯香浓的茶。魔术师要给这杯茶施加魔法，只见他用勺子在里面搅拌了几下，茶水便瞬间变成了墨水一样的蓝黑色；魔术师又用勺子搅拌了几下，杯中的蓝黑色又神奇地消失了，茶水恢复了原来的清澈茶色。这是怎么回事呢？

魔术揭秘：

这里涉及化学中常见的氧化还原反应。魔术师在勺子的下端涂上了绿矾[七水合硫酸亚铁（$FeSO_4 \cdot 7H_2O$）]，因茶水中含有单宁酸（鞣酸），第一次搅拌时，单宁酸遇到绿矾中的亚铁离子 Fe^{2+} 后立刻生成单宁酸亚铁，单宁酸亚铁的性质很不稳定，很快被氧化生成单宁酸铁络合物而呈现蓝黑色。魔术师同时也在勺子的上端涂上了具备还原性质的草酸（HOOC−COOH）。第二次搅拌时，勺子浸没到茶杯中更深，三价的铁离子（Fe^{3+}）遇到了草酸，被还原为二价的亚铁离子（Fe^{2+}）并生成草酸亚铁沉淀，溶液的蓝黑色便消失了，重新显现出茶水原本的颜色。

茶水还原魔术步骤

“点水成冰”的制冰达人

魔术师拿出一杯清水，告诉观众，他/她要把这杯水在室温下凝结成冰。说完将勺子放在水中，神奇的现象发生了，勺子处产生冰晶且冰晶不断“长大”，最后整个杯子里的水都变成了“冰”。没有经过冷冻，一杯水真的凝固成一块“冰”。就像《冰雪奇缘》里艾莎公主“点石成冰”的魔法一样神奇。

魔术揭秘：

杯子里装的并不是普通的清水，而是预先准备好的醋酸钠过饱和溶液，醋酸钠又被称作乙酸钠，分子式为 CH_3COONa，一般以结合 3 个水分子的水合物形式存在，外观为无色透明或者白色的颗粒。醋酸钠过饱和溶液可以在室温下存在，但是处于不稳定的介稳状态（介于稳定和不稳定之间的状态），若遇到振动、摩擦，或者加入凝结核时就会析出晶体。当魔术师将搅拌棒上沾了一些醋酸钠晶体浸入溶液时，就存在了凝结核，溶液里的醋酸钠便在凝结核上开始结晶，新析出的晶体又能作为晶种，因此晶体不断向外延伸“生长”。由于醋酸钠晶体外观和冰相似，这样就出现了室温下“结冰”的奇观。

①

②

③ ④

"点水成冰"魔术步骤

如梦似幻的人造雪花

魔术师拿出一个白色纸杯，在众人面前展示。人们看到的空杯子并没有任何异常，魔术师说他能从杯子里变出雪花，说罢取了一些清水倒进空纸杯，晃了几下，随后魔术师从纸杯里抓出了一把把洁白的雪花。不用通过降温，不需要大型的造雪机，水在转瞬间就变成了晶莹漂亮的"雪花"，实在太神奇了。

魔术揭秘：

当然，水是不会自动变成雪花的，魔术的玄机在于纸杯。原来魔术师事先在杯底放了一层白色粉末：聚丙烯酸钠，它是一种彼此交联成空间网状结构的长链聚合物。**当聚丙烯酸钠粉末遇到水时，水分子通过毛细作用及扩散作用进入其中，聚丙烯酸钠随之离解为带正电的 Na^+ 和带负电的高分子离子链。**由于高分子离子链上的 COO^- 间的静电排斥力，聚丙烯酸钠的结构伸展（或溶胀）开来。而聚丙烯酸钠内外部的 Na^+ 离子浓度差形成的渗透压使得水分子进一步渗透进来，形成水凝胶。因此聚丙烯酸钠吸水后体积会膨胀数倍，使得原来的粉末变成片片洁白的“雪花”。

制造“雪花”魔术步骤

凭空消失的勺子

魔术师端来一杯温水，只见他拿起手边的勺子不断在水杯里搅拌，水并没有发生任何颜色或者状态的变化。这时魔术师不再搅拌，把勺子从水中取出，人们惊奇地发现勺子的前端竟然消失了。难道魔术师对这杯水动了什么手脚，把勺子溶解掉了吗？

魔术揭秘：

勺子消失并不是因为水中添加了不可思议的物质，其原因在于勺子本身，这把勺子虽然是金属制作的，但材料却不是我们常见的不锈钢或者铝合金，而是一种熔点非常低的奇特金属——镓（Ga）。镓是一种银色金属，在元素周期表中镓位于第四周期ⅢA族，原子序数为31，和铝是一族的“亲戚”。镓的熔点只有29.8℃，人体体温就能使镓缓缓熔化，而在温水里制成勺子的固体镓很快就会熔化成液体沉入杯底，给人们以勺子凭空消失的错觉。

用镓制成的勺子会在温水中溶解

用化学元素作为魔术道具，依靠的是物质本身的特异性质。简单的化学元素可以构造出无数种形态万千的物质，组成这缤纷多彩的大千世界。化学可以助力魔术给我们带来奇特的观感体验，更能建立一个真实却又显得奇幻的世界，给我们提供美好的物质和精神生活，这也许就是化学拥有的最大魔法了。让我们一起走进化学的殿堂，探究更多魔法吧！

硝酸铵：是“天使”还是“魔鬼”

撰文 / 张寿春

学科知识：

硝酸铵　分解反应　复分解反应　盐酸　催化剂

2020年，黎巴嫩首都贝鲁特港口曾发生过一次大规模爆炸，造成200多人死亡，6500多人受伤。美国地质调查局收集的数据显示，这次爆炸产生的地震波相当于3.3级地震。据调查，此次大爆炸的起因很有可能是在港口仓库存放6年之久的2700多吨硝酸铵被引爆。2022年，该港口的大型粮仓建筑群北区发生大面积垮塌，据调查，这是两年前贝鲁特港口大爆炸摧毁港口大部分设施后又一次“后遗症”发作。

自20世纪初硝酸铵大规模生产后，已引发了多起重大的、灾难性安全事故，如1921年德国奥堡工厂大爆炸、1947年美国得克萨斯州港口大爆炸、2001年法国图卢兹化工厂大爆炸……

硝酸铵爆炸破坏力惊人——贝鲁特爆炸地现场

硝酸铵，一种曾在农业上广泛使用的明星肥料，却为何又成了惨烈爆炸案的元凶呢？

身份多变的化学物质

硝酸铵的化学式为 NH_4NO_3，因含氮量高（仅次于液氨和尿素）而常被用来制造化肥。它是一种无色无臭的晶体，极易溶于水，易吸湿结块。纯硝酸铵在常温下是稳定的，但遇热会分解，且温度越高，反应越迅速。当温度达 400℃时，硝酸铵的分解反应极为猛烈，会发生爆炸，从而产生氮气和有毒的二氧化氮等气体。

硝酸铵是一种无色无臭的晶体

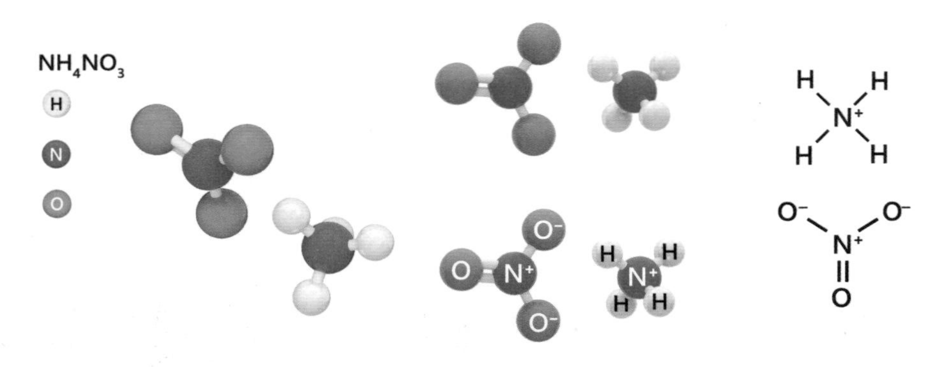

硝酸铵的分子结构

17 世纪中叶，德国科学家 J.R. 格劳贝尔首次制得硝酸铵。当然，此时他还不知道硝酸铵可用作化学肥料使农作物增产。19 世纪末期，欧洲人用硫酸铵与智利硝石进行复分解反应生产硝酸铵。到了 20 世纪，随着合成氨工业的兴起，硝酸铵生产获得了丰富的原料，其应用得到了飞速的发展。第二次世界大战以后，由于制造成本较低，硝酸铵已被广泛地用作氮肥。

硝酸铵中含有铵态氮和硝态氮两种氮源，它们易被农作物吸收，且在土壤中没有残留，能使农作物枝繁叶茂，产量大幅提升，因此硝酸铵被广大农民朋友当作“施肥明星”而广为使用。

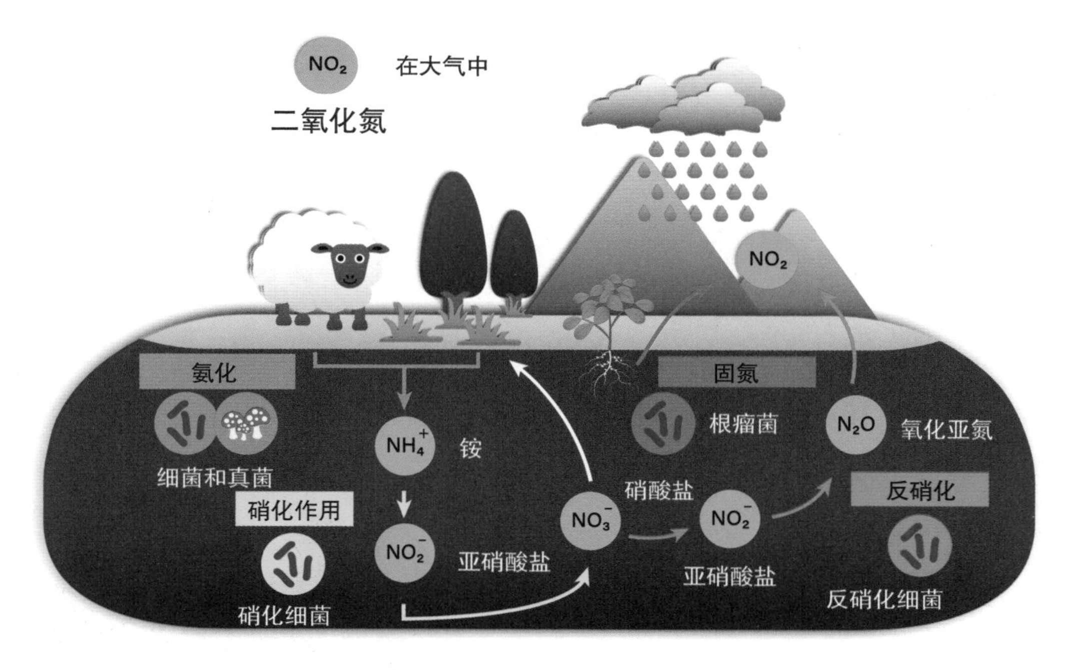

氮循环示意图

如果硝酸铵只是本分地担当“施肥明星”的角色，那可算是一件造福于全人类的幸事。但硝酸铵具有易溶于水和吸湿性强的性质，特别是还有助燃和爆炸的“坏脾气”，使得许多国家不得不对硝酸铵的生产、运输、储存和使用进行严格限制和管理，有些国家甚至禁止将硝酸铵直接作为肥料使用。同时，科学家发现硝酸铵也可以作为一种强效炸药，结果就使得硝酸铵成为第二次世界大战时期炸药制备的必备材料。甚至直到21世纪的今天，硝酸铵也常被作为采矿、采石和土木建筑中使用的爆炸混合物中的主要成分。

改头换面的硝酸铵

氮素是农作物的重要养料，以硝酸铵为主要原料的氮肥在农业生产中发挥了重要作用。但为了减少爆炸等情况的发生，将硝酸铵进行改性处理，大力发展以硝酸铵为氮源的安全、高效复合肥料是农业化肥产业发展中一条行之有效的途径，如硝酸铵磷、硝酸铵磷钾、硝酸铵钙等均为肥效良好的硝基复合肥代表。

以硝酸铵钙为例，这是一种新型高端氮肥，其吸湿性低于普通硝酸铵，在储存和运输中不易发生火灾，比硝酸铵更安全。硝酸铵钙的含氮量低于硝酸铵，但增加了农作物生长所需的钙元素，综合肥效较硝酸铵更高，其作为硝酸铵的替代产品有着广阔的发展前景。

化肥有助于提升农作物产量

硝酸铵作为化肥提高了粮食产量，改善了人类生存。当我们辩证地看待硝酸铵的多面性，还会发现，虽然它在多次爆炸事故中的确扮演了不光彩的角色，但它作为炸药以其蕴藏的强劲力量也为工业及军事发展做出了应有的贡献。从普通的岩石爆破到水下爆破，从民用炸药到军用武器待用炸药，都有硝酸铵炸药的身影。

硝酸铵极易溶于水，具有显着的吸湿性和易结块特性，这成了其作为炸药的主要缺陷。为了克服这些缺陷，科学家们致力于硝酸铵炸药的技术研发，成功地开发出了改性硝铵炸药、膨化硝铵炸药以及粉状乳化硝铵炸药。这些新型炸药的研发，有效地提高了硝酸铵炸药的爆炸效能，也拓宽了其使用范围。例如，为了降低硝酸铵的吸湿性，可以在硝酸铵中添加十八烷胺盐、十二烷基苯磺酸钠等表面活性剂；为了降低其结块性，可以加入木粉、棉籽饼粉、麻秆粉、树皮粉等。又例如，将硝酸铵的水溶液与矿物油及其他可燃剂组成油相溶液，经乳化形成一种油包水的乳化体系，然后经成粉工艺制成粉状乳化硝铵炸药。这种粉状乳化炸药具有良好的抗水性能和储存稳定性，有较高的爆轰感度、优良的爆炸性能和抗水能力。此外，该炸药对人体无害，对环境不造成污染，且成本低廉，生产工艺先进。

此外，还可以采用液体硝酸铵代替固体硝酸铵作为原料制备工业炸药。使用液体硝酸铵作为原料，在生产过程中减少了固体硝酸铵结晶造粒、包装、转运等环节，同时也省去了固体硝酸铵破碎、溶解等工序，有效地精简了生产工艺，减少了生产环节，降低了生产成本，并且改善了生产环境，提高了安全性。液体硝酸铵直接应用于工业炸药生产的工艺既符合国家政策要求，又符合行业优化生产的需求，经济效益和社会效益显著。以上优点使得液体硝酸铵直接应用于工业炸药生产的工艺也成为炸药行业发展的主流之一。

作为氧化剂为航天助力

硝酸铵不仅在化学肥料和工业炸药领域扮演着重要角色，而且作为固体火箭推进剂中的氧化剂，其应用也受到了全球范围内的广泛关注。

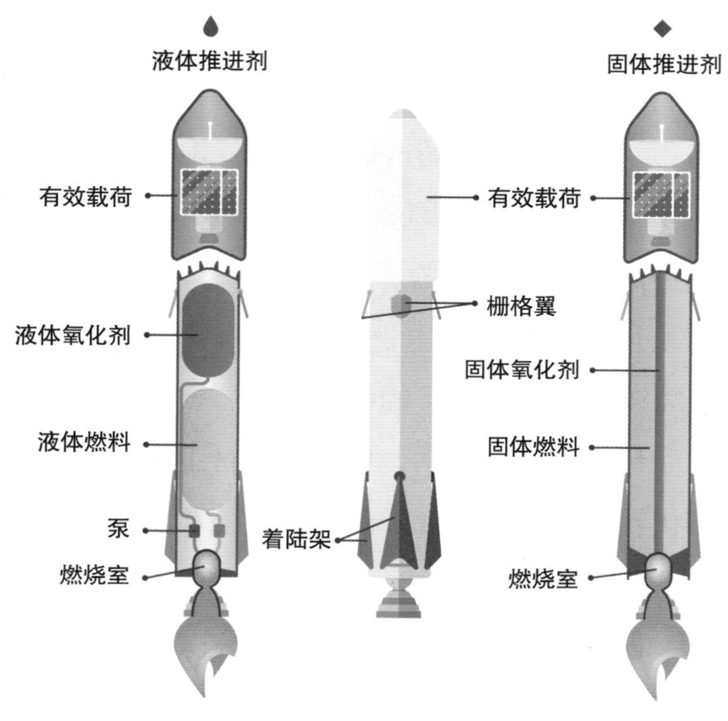

火箭不同推进剂示意图

固体推进剂是固体火箭发动机的动力源用材料，是经过特殊加工、自身含有氧化剂和燃烧剂，能够在没有环境氧的参与下自持燃烧并产生大量炽热气体的含能材料，在导弹和航天技术发展中起着重要作用。

高氯酸铵（NH_4ClO_4）因性能高和燃速快等优点成为现代大多数固体推进剂的主要氧化剂，但高氯酸铵燃烧时所产生的含氯化合物使火箭具有很强的特征信号而易被监测，同时还会导致环境问题。高氯酸铵推进剂燃烧的主要产物之一是氯化氢（HCl），它和空气中的水蒸气混合形成盐酸，产生烟雾并具有剧毒性。据统计，当航天飞机发射时，每个固体火箭助推器会产生 100 多吨氯化氢。此外，高氯酸铵推进剂的另一个威胁就是它燃烧释放的含氯化合物会破坏平流层中的臭氧层。

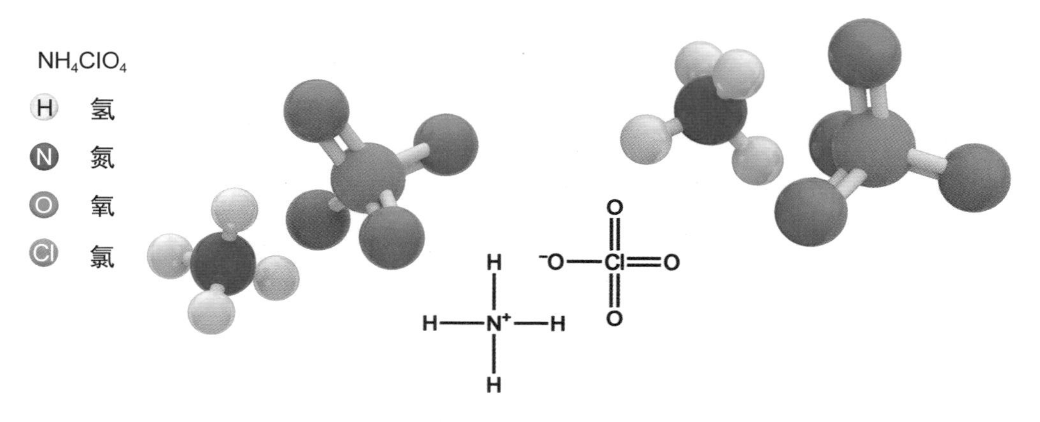

高氯酸铵的分子结构

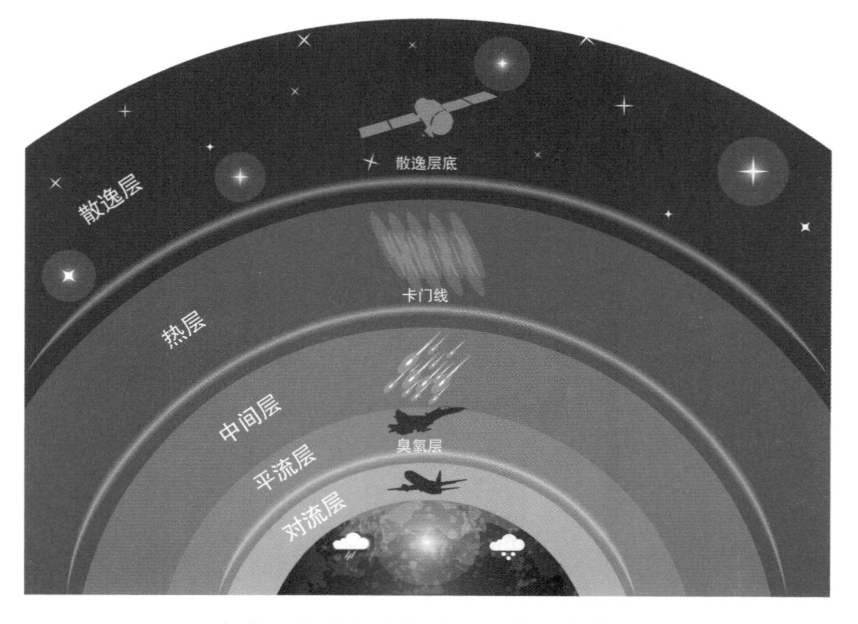

含氯化合物会破坏平流层中的臭氧层

为了使航天技术更好地服务于人类而又尽可能地减少对环境的污染和破坏，要求研制“洁净”推进剂的呼声不断高涨。具有环境友好和低特征信号的无氯推进剂受到了科学家越来越多的关注，而符合这些要求的硝酸铵成了替代高氯酸铵作为固体推进剂的氧化剂的理想物质。

硝酸铵作为氧化剂，具备来源广泛、价格低廉的优势，其燃烧时火焰温度较低，且分子内不含氯或其他卤素元素，因此燃烧后不会生成氯化氢。此外，它对温度和冲击均不敏感，在较宽的温度范围内都能保持良好的力学性能。基于以上优势，硝酸铵氧化剂在低特征信号和钝感推进剂的应用中倍受关注。但硝酸铵作为固体推进剂的氧化剂也存在诸多不足，比如能量低、燃速慢、吸湿性强、室温下相变后易引起体积变化等，这也使得它在固体推进剂中的应用受到较大的限制。

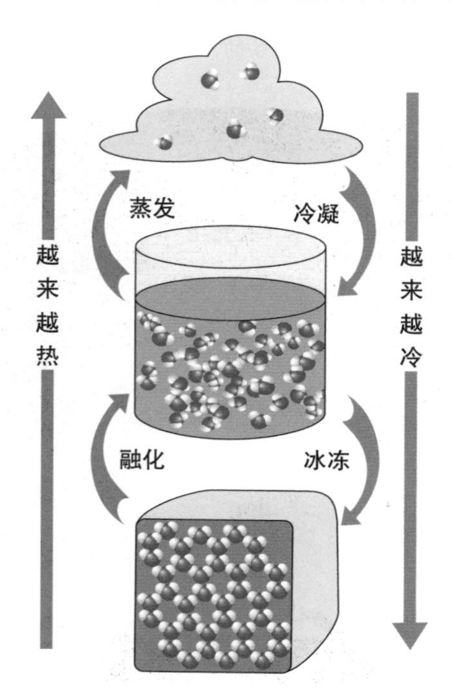

三相（固体、液体、气体）转化示意图

经过不懈努力，科学家通过引入添加剂对硝酸铵进行改性以克服其不足。比如，在推进剂体系中引入含能黏合剂及含能增塑剂，弥补了硝酸铵能量低的不足；加入燃速催化剂，如氧化铁（Fe_2O_3）、氧化铬（Cr_2O_3）、二氧化锰（MnO_2）、重铬酸钾（$K_2Cr_2O_7$）等，提高了硝酸铵推进剂的燃速；加入表面活性剂或聚苯乙烯等聚合物从而改善硝酸铵的吸湿性；加入相稳定剂，如硝酸钾（KNO_3）、氧化铜（CuO）、氧化高镍（Ni_2O_3）、氧化锌（ZnO）等，解决了硝酸铵的相变问题。此外，在硝酸铵中添加一定比例的高氯酸铵，也可使硝酸铵达到相稳定，同时还可提高硝酸铵推进剂的比冲和燃速。

当前，我国固体火箭推进剂技术仍有很大的改进空间。但随着我国经济实力的增长和科研水平的提升，我们相信，高性能新型固体火箭推进剂的研制将助力我国航天事业走向新的辉煌。

硝酸铵造福于人类生活质量的提高和航天事业发展，是“天使”；但它又不时向我们发难，留下惨痛的记忆，是“魔鬼”。因此人类才要更科学、更理性地了解和驾驭自然界中的危险性物质，与它们更和谐地相处。

探秘“死亡元素”——氟

撰文 / 曲建翘

学科知识：

单质　氟　微量元素

在化学元素发展史上，单质氟气的提取可谓艰难异常，其研究持续时间之长、参与人数之多、危险性之大超出了人们的想象。从发现氟开始，科学家们历经了漫长且艰难的探索，才提取出了单质氟气。

在所有元素中，氟算极为活泼的了。氟气是一种淡黄色的气体，它几乎能和所有的元素反应：大多数金属都会被它腐蚀，甚至连黄金在受热后，也会在氟气中燃烧！如果把氟气通入水中，它会把水中的氢夺走，并放出氧气。氟气是1886年被人们制取出来的，它被认为是一种“死亡元素”，其发现史充满悲剧色彩，是碰不得的。

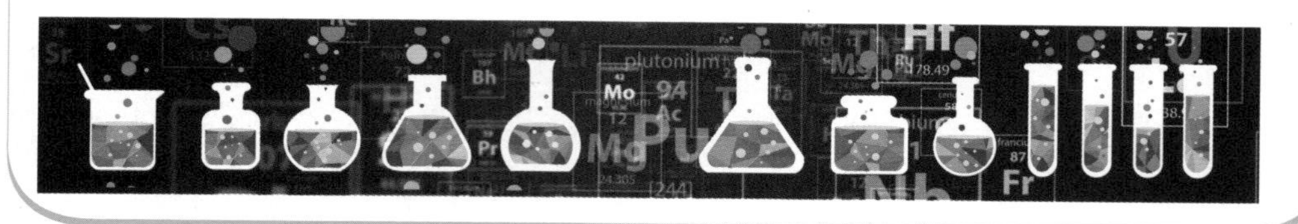

史上最悲壮的元素发现之路

不知你是否听过关于美国物理学家费米的段子：“理论学家费纸，实验学家费电，理论实验物理学家费米。”或许，我们可以在这个段子后面加上一段:“实验化学家费命!”

不信?请往下看!

数学史上曾经有过无数未解难题,这些难题让众多数学家的脑细胞备受折磨,但只要有纸和笔,他们就可以安心地待在办公室里做研究,不会因研究课题受到什么伤害。物理学家们也遇到过难题,他们除了和数学家一样在办公室里提出理论,还需要用实验来验证他们的想法。但是,大多数时候,除了多费一些电以外,他们也是安全的。但对于化学家来说,他们是需要勇气的。为了解答化学之谜,为了证明自己的设想,他们进行的实验常常很难预料到会发生什么化学反应:有毒气体,意外爆炸……他们有些时候需要将安全置之度外,甚至为此而献出宝贵的生命!

这其中最有代表性的就是从氟元素被发现到制出单质氟气的过程。可以这样说,氟的发现史不仅是一部烧钱史,耗费了无数的黄金、白金,更是一部化学家的悲壮史,它夺走了太多化学家的生命。

早在1768年,人们就发现了氢氟酸,认为它里面有一种新元素,因此很多化学家都在实验室里进行实验,试图从氢氟酸中制出单质氟气。1771年,瑞典化学家舍勒将萤石和硫酸放在一起加热,结果发现玻璃瓶内壁都被腐蚀了。1813年,英国化学家戴维用电解氟化物的方法制取单质氟气,一开始他用金和铂做容器,但都被腐蚀了。后来,他改用萤石做容器,虽然解决了腐蚀问题,但也未得到氟气,而他则因患病停止了实验。跟戴维同时期的法国科学家盖·吕萨克和泰纳也用同样的方法尝试获得氟气,都没有成功,这两人还因为吸入过量的氢氟酸而中毒,因此被迫停止了实验。1836年,苏格兰化学家乔治·诺克斯和托马斯·诺克斯两兄弟先用干燥的氯气处理干燥的氟化汞，然后把一片金箔放在容器顶部。事实上他们确实得到了氟气，依据就是顶部的金箔已经变成了氟化金，只是令人意想不到的是，连黄金都被制得的氟气腐蚀了。更加让人唏嘘的是，他们哥俩都严重中毒了。继诺克斯兄弟之后，比利时化学家鲁耶特对氟做了长期的研究，最后因中毒太深而献出了生命。法国化学家尼克雷也遭受了同样的命运……

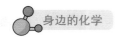

或许你已经知道，**氢氟酸是氟化氢气体的水溶液，具有很强的腐蚀性**。玻璃、铜、铁等常见的东西都会被它“吃”掉，即使用很不活泼的银做容器，也不能安全地盛放它。另外，氢氟酸还能挥发出大量的氟化氢气体，而氟化氢有剧毒，吸入少量，就会令人痛苦非常。

尽管当时的化学家们在实验时采取了许多措施来防止氟化氢的毒害，但由于氢氟酸的腐蚀性过强，许多化学家还是因为在实验中吸入过量的氟化氢气体而死去了，还有许多化学家由于中毒损害了身体健康，被迫放弃了实验。但这并未阻挡勇者的脚步，还有很多化学家“明知山有虎，偏向虎山行”。法国化学家弗雷米的学生莫瓦桑就是其中之一。

经过不断地探索与改进，1886 年，莫瓦桑最终做了一个白金的 U 形管，并将它打磨光滑——氟与光滑的白金表面反应较慢，同时用萤石磨制成塞子，然后将氟化砷、氟化磷、氟化钾的混合物装进 U 形管，又用冷却剂将管外的温度降到 −23℃，他插入电极，通上电流，很快，在阳极的上方，一丝又一丝淡黄色的气体冒了出来。单质氟气第一次被制得了！莫瓦桑也因此获得了 1906 年的诺贝尔化学奖。

氟化物与人体健康

作为构成地壳的固有元素之一，氟在地球上分布极为广泛，岩石、土壤、水体、植物、动物及人体内都含有一定量的氟。但直到在人的牙齿珐琅质、血液、乳汁，特别是脑组织中都发现了氟后，人们才开始重视氟的生物作用。

氟对人体的影响是随着摄入量而变化的。当氟缺乏时，不但易发生龋齿，也在一定程度上影响骨骼。因此，摄入适量的氟可以预防龋齿，有益于儿童生长发育，还可预防老年人骨质变脆。而氟过量时，就会影响细胞酶系统的功能，破坏钙磷代谢平衡，所以氟是人体必需的微量元素之一。

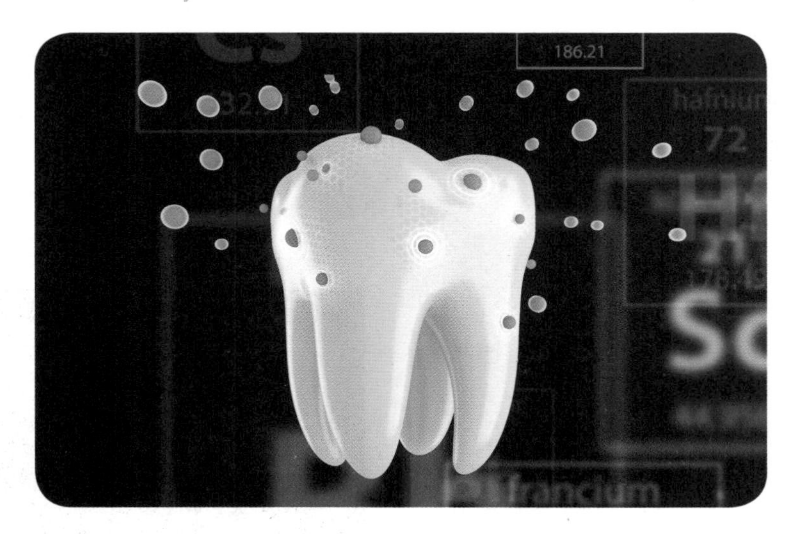

摄入适当的氟可以预防龋齿

当某一地区氟分布过高，人体摄入量偏多时又会引起特异的疾病——地方性氟病，或称地方性氟中毒。地方性氟中毒是典型的地方病，其病区和非病区境界分明。这个病的主要特征是氟斑釉齿和氟骨症。

饮水中的氟化物

氟是人体必需的微量元素。氟可以通过饮用水（65%）、食物（35%）等多种途径进入人体。我国《生活饮用水卫生标准》(GB 5749—2022) 将氟化物的标准值定为 1.0 毫克 / 升。婴幼儿和儿童正处于生长发育期，每天摄取一定量的氟化物可以保证牙齿钙化期所必需的氟化物离子。

据调查，饮水中含氟量在 0.5 毫克 / 升以下，龋齿的发病率增高；含氟 0.5~1.0 毫克 / 升是龋齿和斑釉齿发病率最低的范围，且无氟骨症发生；含氟在 1.0 毫克 / 升以上时，斑釉齿发病率上升；当大于 4 毫克 / 升时，氟骨症逐渐增加。

大气中的氟化物

炼铝厂在生产过程中，可能会产生氟化氢气体，污染周边的大气环境；磷肥厂在使用氟磷灰石生产磷肥的过程中可能会产生含氟尾气，污染周边环境。而对居民来说，一定浓度的氟化物可能引起工业性的氟中毒。

另外，科研人员也发现，氟是煤中含量较高的微量元素。煤在燃烧时，其中的氟将发生分解，大部分以氢氟酸、四氟化硅等气态污染物形式排入大气，不仅严重腐蚀锅炉和烟气净化设备，而且造成大气氟污染和生态环境的破坏。我国部分地区由于在室内用没有烟囱的炉

氟是煤中的有害元素，煤燃烧时，煤中氟以气态氟化物形式被释放出来

灶烘烤食物、取暖、做饭，煤燃烧释放的气态氟污染物被粮食吸收或聚集在室内，通过食物链、呼吸道进入人体，可能会导致居民氟中毒。

食物中的氟化物

我国大部分地方性氟中毒都是由于饮用水中氟含量高所引起的。但也有某些地区的氟中毒是由于食物中含氟高引起的。

一般情况下，动物性食品中氟含量高于植物性食品，海洋动物中氟含量高于淡水及陆地食品，鱼和茶叶中氟含量较高。因此，适量饮茶有助于预防骨质疏松。不过，氟摄入量需严格掌控，过多或不足都有害。

食物中也含有氟

氟在体内主要分布于牙齿、骨骼、指甲和毛发中。氟经由呼吸道和消化道进入人体，吸收的主要部位为肠、胃，它会很快进入血液。氟主要从肾脏由尿排出，少量经粪便、汗液、乳汁排出。骨骼的留存和肾脏的排泄是防止人体氟化物积蓄过多引起中毒的两种途径。

氟化物的综合利用

对于氟元素，虽然有闻之色变的感觉，但是氟和含氟的化合物也有很多优良的性能和特殊的用途。

氟元素很多时候存在于萤石（氟化钙）中。纯的萤石是没有颜色的，但是由于自然界中的萤石往往都有杂质，所以它们会呈现出绿色、紫色等各种颜色。萤石在加热之后会发光，像萤火虫一样，因此得名为“萤石”。

氟元素很多时候存在于萤石中

氟最重要的化合物是氟化氢。氟化氢很易溶解于水，其水溶液就是前面提到的氢氟酸。玻璃是大家熟悉的常用物质，它耐火、耐高温、耐酸、耐腐蚀，可是，如果把氢氟酸装在无色透明的玻璃瓶里，很快瓶子内壁就会模糊，玻璃开始被腐蚀。可以说氢氟酸是玻璃的“克星”。人们便利用它的这一特性，先在玻璃上涂一层石蜡，再用刀子划破蜡层刻成花纹，然后涂上氢氟酸。过了一会儿，洗去残余的氢氟酸，刮掉蜡层，玻璃上便会出现美丽的花纹。玻璃杯上的刻花、玻璃仪器上的刻度，很多都是用氢氟酸“刻”成的。

玻璃仪器上的刻度很多是由氢氟酸“刻”成的

在工业上，氟化氢被大量用来制造聚四氟乙烯塑料。**聚四氟乙烯号称“塑料之王”，具有极好的耐腐蚀性能，即使是浸在王水中，也不会被侵蚀。**它又耐250℃以上的高温和−269.3℃以下的低温，加热至415℃时，会缓缓分解出对人体有害的气体，因此在原子能工业、半导体工业、超低温研究和宇宙火箭等尖端科学技术中，有着重要的应用。

例如，在原子能工业上，氟有着重要的用途：人们用氟从铀矿中提取铀235，因为铀和氟的化合物很容易挥发，用分馏法可以把它和其他杂质分开，得到十分纯净的铀235。铀235是制造原子弹的重要原料。

经过对氟的客观了解，我们不难发现，哪怕是被称为“死亡元素”的危险物质，只要我们掌握它的特性加以利用，同样可以化险为夷、化“恶魔”为“天使”。这也正是无数化学家以健康为代价，无畏付出的意义！